JN115719

設計技術シリーズ

電波と生体安全性
—基礎理論から実験評価・防護指針まで—

改訂版

［著］

北海道大学　　　　　前 株式会社NTTドコモ
野島 俊雄　　大西 輝夫
電波産業会電磁環境委員会編

科学情報出版株式会社

部分改訂について

　本書の初版は、通信エリアの広さなどから移動無線に広く利用されているマイクロ（μ）波帯の電波について纏めた。しかし近年、第5世代移動通信システム（5G）でのミリ波帯やbeyond 5G, 6Gでのテラヘルツ（THz）帯など、周波数がμ波より高い超高周波と呼ばれる電波の利用が急速に進みつつある。THz波は赤外線と一部重なる周波数領域にあり、電磁波の生体作用において重要な意味を持つ電離・非電離の境界に近い。そこで超高周波とその生体作用について最新知識を加筆することが重要と考え、本改訂版を出版することとした。

　すなわち、ミリ波・THz波による影響の項目を新設し、さらに安全な利用のための指針・規制の情報を最新化した。関連して電波の非電離性や生体への非熱作用などの解説を充実した。電波・電磁波とは何か、その本質とその生体影響について広範な知識を得るための総合資料として活用して欲しい。

まえがき

　携帯電話の電波が脳腫瘍の原因になるかもしれない、その根拠にマイクロ波ばく露がある種の脳細胞の DNA を損傷したとする動物実験の研究論文がある。この論文は権威ある科学ジャーナルに論文審査をパスして掲載されたものである。それではこの理由から携帯電話の利用を控える対応がとられているだろうか？また携帯電話による電波ばく露が脳腫瘍を発症したとの訴訟の主張が認められたであろうか？答えは「否」であり、今や世界中で殆どの人が健康の心配をせずに携帯電話・スマホを日常的に利用している。電波は電磁的エネルギーの波動であり強ければ大きな熱エネルギーに変化し、例えば電子レンジのような加熱作用を起こす。我々を取り巻く電波環境の安全性は、生体に何らの悪影響も生じないように電磁エネルギーのばく露量を適切に制御することで達成されている。

　本書の目的は大きく二つある。まず第一点は、携帯電話などに利用する電波が人の健康に影響するかどうかについて何が分かっているか、また様々な実験・研究報告には影響の懸念を主張するものがあるがそれらをどのように解釈すればよいか、を科学的知識に基づいて解説し、現状の電波利用が安全で安心とされる根拠を示すことにある。

　第二点は、現代社会で様々なものに利用されている電波の歴史や性質などの正確な知識を提供することにある。例えば、健康影響を考える際には電磁波との違いを理解することが重要であり、また性質については相対性理論まで関連することを知っている読者は少ないのではないだろうか。

　本書はある種のメディア情報や書籍の記述などから、現状の電波環境の安全性に不安を感じている人、また特に不安を感じないが電波の性質と生体への作用の知識を深めたいと思っている人に満足してもらえるように様々な疑問や懸念に関わる広範な情報を扱っている。さらに、電波利用に職業的に関係する人の素養となるように、電波・電磁波についてその歴史を含めて基礎知識を提供している。教養書としてのみならず、

大学などの教科書としても活用できる。論点が前面に出るように、例えば発がん性といった項目毎に "Q & A" の形式で記述しているので、疑問や懸念に関する情報だけを知りたい人にも役に立つ。

　本書は二部構成とし、第一部は健康影響の懸念を主張する様々な実験・研究報告の個々についてそれらの概要とその信憑性を検討し、第二部は、電波・電磁波の語源からその性質まで、さらに生体作用と実験手法の考え方、さらに防護指針と適合性確認のための測定法などの専門的な知識のポイントを解説している。

　第一部の主な事項：各種の腫瘍・がんとの関連性はあるか、動物・細胞実験・疫学研究はどうなっているか、脳機能・脳活動への影響（記憶、脳波、睡眠、安寧など）、免疫機能への影響、神経・聴覚・視覚への影響などはあるか、ほか。

　また第二部の主な事項：電波・Radio wave・電磁波・電気波とは何か、電離・非電離放射線の違い、電波が発がん性などの重大な生体影響を起こさないとする根拠、"悪魔の証明" とも比喩される安全性の証明の基本的考え方、電波利用の安全性を担保する "電波防護指針" の要点と根拠、指針適合性を確認する測定法はどうなっているか、ほか。

　本書の内容は電波産業会（ARIB）電磁環境委員会の研究調査活動の中で得られた知見と著者らが科学的に信頼できると考える基本知識をベースに記述している。

　電波産業会（ARIB）電磁環境委員会は18の法人会員（令和3年）と総務省、学識経験者等のアドバイザーで構成し、携帯電話などの身近な電波利用の健康への安全性について検証データを自ら得ることを目的に、各種の研究調査（委託研究、共同研究）を約30年に亘り行っている。テーマは学術的に明確な結論の出ていない事項、並びに学会、メディアなどで公表された様々な報告で何らかの影響を確認したとする事項などである。それら報告の内容が事実かどうかを自ら検証・評価して公表することが重要との考えが基本にある。ARIB 電磁環境委員会による研究調

査の詳細情報は「一般社団法人電波産業会電磁環境委員会　くらしの中の電波」のホームページで入手できるので参照して欲しい。

目　　　　次

部分改訂について

まえがき

第1部　電波の健康影響に関する研究

Q. 1 − 1　電波はがんを生じるか？

Q. 1 − 1 − 1　疫学研究ではどうなっているか？ ・・・・・・・・・・・・・・・・・・・・7
　（1）INTERPHONE Study ・・・・・・・・・・・・・・・・・・・・・・・・・・・・・・7
　（2）スウェーデンでの症例対照研究 ・・・・・・・・・・・・・・・・・・・・ 10
　（3）デンマークでのコホート研究 ・・・・・・・・・・・・・・・・・・・・・・ 11
　（4）携帯電話電波の発がん性についての IARC の評価 ・・・・・・ 12
　（5）IARC の評価以降の研究 ・・・・・・・・・・・・・・・・・・・・・・・・・・ 14
　（6）携帯電話使用と脳腫瘍に関する疫学研究の疑問点 ・・・・・・ 18
　（7）携帯電話基地局、放送施設の周辺でのがんについての疫学研究 ・・・・ 19
　（8）携帯電話基地局、
　　　放送施設の周辺でのがんについての疫学研究の疑問点 ・・・・・・・・・・ 21
　（9）電波ばく露とがんに関するその他の疫学研究 ・・・・・・・・・・・・・ 22
Q. 1 − 1 − 2　動物研究はどうなっているか？ ・・・・・・・・・・・・・・・ 23
　（1）先行研究 ・・・・・・・・・・・・・・・・・・・・・・・・・・・・・・・・・・・・・・ 23
　（2）先行研究の疑問点 ・・・・・・・・・・・・・・・・・・・・・・・・・・・・・・ 26
　（3）米国 NTP 研究 ・・・・・・・・・・・・・・・・・・・・・・・・・・・・・・・・ 27
　（4）NTP 研究の疑問点 ・・・・・・・・・・・・・・・・・・・・・・・・・・・・・ 27
Q. 1 − 1 − 3　細胞研究はどうなっているか？ ・・・・・・・・・・・・・・・ 30
　（1）発がん性に関する研究・・・・・・・・・・・・・・・・・・・・・・・・・・・・ 30
　（2）その他の影響に関する研究 ・・・・・・・・・・・・・・・・・・・・・・・・ 33
　（3）細胞研究の疑問点 ・・・・・・・・・・・・・・・・・・・・・・・・・・・・・・ 34

Q.1−2　電波は脳機能に影響するか？

(1) ヒトでの研究　・・・・・・・・・・・・・・・・・・・・・・・　37
(2) 動物研究　・・・・・・・・・・・・・・・・・・・・・・・・・・　41
(3) 脳機能への影響に関する研究の疑問点　・・・・・・・・・　46

Q.1−3　電波は子どもの発達に影響するか？

(1) 子どもの発達への影響に関する研究　・・・・・・・・・・・・・　49
(2) 子どもの発達への影響に関する研究の疑問点　・・・・・・・・・　54

Q.1−4　電波は生殖系に影響するか？

(1) 生殖系への影響に関する研究　・・・・・・・・・・・・・・・・　57
(2) 生殖系への影響に関する研究の疑問点　・・・・・・・・・・・・　58

Q.1−5　電波はいわゆる「電磁過敏症」を起こすか？

・・・・・・・・・・　61

Q.1−6　電波は動物や昆虫などの生命活動に影響するか？

・・・・・・・・・・　67

Q.1−7　光に近い電波の影響は？

(1) ミリ波，テラヘルツ波・・・・・・・・・・・・・・・・・・・・・・・・・　73
(2) 影響に関する研究　・・・・・・・・・・・・・・・・・・・・・・・・　73

Q.1－8 電波の健康影響に関する 公的機関の評価はどのようなものか？

(1) 世界保健機関（WHO）・・・・・・・・・・・・・・・・・・・・・・・・・・・ 77
(2) 国際がん研究機関（IARC）・・・・・・・・・・・・・・・・・・・・・・・・ 79
(3) 欧州連合（EU）・・・・・・・・・・・・・・・・・・・・・・・・・・・・・・・ 81
(4) 国際非電離放射線防護委員会（ICNIRP）・・・・・・・・・・・・・ 82
(5) 総務省 ・・・・・・・・・・・・・・・・・・・・・・・・・・・・・・・・・・・・・・ 83
(6) 米国食品医薬品局（FDA）・・・・・・・・・・・・・・・・・・・・・・・・ 83
(7) カナダ保健省 ・・・・・・・・・・・・・・・・・・・・・・・・・・・・・・・・・ 84
(8) オーストラリア放射線防護・原子力安全庁（ARPANSA）・・・・・・・ 85
(9) 英国公衆衛生庁（PHE）・・・・・・・・・・・・・・・・・・・・・・・・・ 94
(10) オランダ保健評議会（HCN）・・・・・・・・・・・・・・・・・・・・・ 95
(11) スウェーデン放射線防護局（SSM）・・・・・・・・・・・・・・・・・ 98

Q.1－9 実験研究の質を評価する方法は？ ・・・・・・・・・101
第1部の参考文献 ・・・・・・・・・・・・・・・・・・・・・・・・・・・・・・・・・・104

第2部 電波・電磁波とその作用の基礎知識

Q.2－1 「電波」の意味は？

Q.2－1－1 電波の英語は？ ・・・・・・・・・・・・・・・・・・・126
Q.2－1－2 電波の定義は？ ・・・・・・・・・・・・・・・・・・・127
Q.2－1－3 電波の語源（起源、由来）は？ ・・・・・・・・・・・・130
(1) 歴史 ・・・・・・・・・・・・・・・・・・・・・・・・・・・・・・・・・・・・130
(2) 日本初の無線通信試験で使われた用語は「電気波」 ・・・・・・・・・133
(3) Hertz は何と呼んでいたか？ ・・・・・・・・・・・・・・・・・・・133

・「空間の電磁波」と「線路の電気波」 ・・・・・・・・・・・・・・・・・・・133

Q.2−1−4 "Radio"の語源は？ ・・・・・・・・・・・・・・・・・136
(1) 結局、「電波」の由来は
「電気波：Electric Wave」で意味は"radio wave" ・・・・・・・・・・・136
(2) 電波の生みの親は Hertz ・・・・・・・・・・・・・・・・・・・137
Q.2−1の参考文献 ・・・・・・・・・・・・・・・・・・・・・・・137

Q.2−2 　電波・電磁波の基本的性質は？

Q.2−2−1 　電波は電磁波の一部分の呼称 ・・・・・・・・・・・・・・・142
Q.2−2−2 　電磁波とは？ ・・・・・・・・・・・・・・・・・・143
(1) Maxwell 方程式が電磁波の身分証？
最初は光の正体を知るための概念 ・・・・・・・・・・・・・・143
(2) 変位電流仮説が電磁波を見つけるカギとなった
基本的な性質が Maxwell 方程式から分かる ・・・・・・・・・・・143
(3) 電磁波は空間を伝搬する電磁界の横波 ・・・・・・・・・・・・145
(4) 光の粒子性とは？ ・・・・・・・・・・・・・・・・・・・150
(5) 放射線とは？ ・・・・・・・・・・・・・・・・・・・・・153
Q.2−2−3 　電磁波を特徴づける要素・・・・・・・・・・・・・・・・156
(1) 電界、磁界とは？
「界」と「場」は同じ意味 ・・・・・・・・・・・・・・・・・156
(2) 電力束密度とは？ ・・・・・・・・・・・・・・・・・・・156
(3) SAR とは ・・・・・・・・・・・・・・・・・・・・・・・157
(4) 実際のばく露量はどのくらいか？ ・・・・・・・・・・・・・159
(5) エレベータ内などでのばく露は？ ・・・・・・・・・・・・・162
(6) 周波数、波長とは？・・・・・・・・・・・・・・・・・・・163
・周波数の違いで電磁波は種類分けされる ・・・・・・・・・・163
・IF（中間周波）と RF（高周波）の特別な定義 ・・・・・・・・164
・周波数とエネルギー ・・・・・・・・・・・・・・・・・164
・波長はばく露のエネルギー集中(ホットスポット)の大きさを決定する・・165
(7) 表皮効果とは？ ・・・・・・・・・・・・・・・・・・・166

　　　・高周波は生体の内部に浸透できない ・・・・・・・・・・・・・・・166
　(8) 人体頭部のホットスポットは？ ・・・・・・・・・・・・・・・・・・・166
　(9) 共振とは？ 原子・分子レベルから人、鉄塔まで様々 ・・・・・・・167
Q.2－2－4　変調とは？ ・・・・・・・・・・・・・・・・・・・・・・・・・・・・169
　(1) パルス波とは？ ・・・・・・・・・・・・・・・・・・・・・・・・・・・・・169
　(2) 送信電力、平均電力、ピーク電力とは？ ・・・・・・・・・・・・・169
Q.2－2の参考文献 ・・・・・・・・・・・・・・・・・・・・・・・・・・・・・・・171

Q.2－3　　どんな作用があるか？

・まずは物体・物質への物理的作用・・・・・・・・・・・・・・・・・・・・・・・175
Q.2－3－1　発熱作用とは？　・・・・・・・・・・・・・・・・・・・・・・・177
Q.2－3－2　発熱以外の電気的作用とは？ ・・・・・・・・・・・・・・178
Q.2－3－3　電離、励起とは？ ・・・・・・・・・・・・・・・・・・・・・179
　(1) どんな作用・影響があるか？ ・・・・・・・・・・・・・・・・・・・180
　(2) 光量子仮説のメカニズムは？ ・・・・・・・・・・・・・・・・・・・180
　(3) 波動としての見方は？　・・・・・・・・・・・・・・・・・・・・・・・183
　(4) 振動による電離・励起、電子レンジのμ波がラジカルを発生？ ・・・184
Q.2－3－4　非線形作用とは？・・・・・・・・・・・・・・・・・・・・・・186
Q.2－3－5　パルス波の作用とは？ ・・・・・・・・・・・・・・・・・・187
Q.2－3－6　複合作用とは？　・・・・・・・・・・・・・・・・・・・・・・188
Q.2－3の参考文献 ・・・・・・・・・・・・・・・・・・・・・・・・・・・・・・188

Q.2－4　　はじめに―生体影響問題の背景

Q.2－4－1　生体影響と物理的作用の関係は？ ・・・・・・・・・・・192
Q.2－4－2　自然界の電磁波は？・・・・・・・・・・・・・・・・・・・・193
　(1) 殆どが太陽からの電磁波 ・・・・・・・・・・・・・・・・・・・・・・193
　(2) 生物が電磁波の光を見ることが出来るのはなぜ？ ・・・・・・・194
Q.2－4－3　歴史上の主な出来事は？ ・・・・・・・・・・・・・・・・196

・黎明期の電流戦争、X線の影響、温熱療法 ・・・・・・・・・・・196
・第二次大戦後の白内障懸念、世界初の防護基準策定 ・・・・・197
・モスクワシグナル（Moscow signal）・・・・・・・・・・・・・・・197
・レーダー波ばく露による死亡事故？ ・・・・・・・・・・・・・・・198
・携帯電話電波に関わる訴訟問題 ・・・・・・・・・・・・・・・・・198
・防護基準の重要性 ・・・・・・・・・・・・・・・・・・・・・・・・・・・199
Q.2−4−4　電波の生体影響検討における基本的な考え方は？・・・・・・200
・極めて僅かな影響の有無・・・・・・・・・・・・・・・・・・・・・・・200
・「ヘンペルのカラス」と「ポパーの科学の定義」・・・・・・・201
Q.2−4の参考文献 ・・・・・・・・・・・・・・・・・・・・・・・・・・・・202

Q.2−5　どんな生体影響があるか？

・通常のばく露での影響が重要 ・・・・・・・・・・・・・・・・・・・・・207
Q.2−5−1　熱作用とは？ ・・・・・・・・・・・・・・・・・・・・・208
防護指針（SAR）との関係は？
　A）全身ばく露 ・・・・・・・・・・・・・・・・・・・・・・・・・・・208
　・安全率 ・・・・・・・・・・・・・・・・・・・・・・・・・・・・・・・209
　・平均時間 ・・・・・・・・・・・・・・・・・・・・・・・・・・・・・209
　・全身平均 SAR の周波数特性 ・・・・・・・・・・・・・・・・211
　B）局所ばく露 ・・・・・・・・・・・・・・・・・・・・・・・・・・・211
　・全身ばく露と局所ばく露の関係 ・・・・・・・・・・・・・・212
Q.2−5−2　刺激作用は10MHz以下の電波が関係する ・・・213
Q.2−5−3　その他の作用には何があるか？ ・・・・・・・・・215
　（1）非熱作用（Non-thermal effects）・・・・・・・・・・・・215
　（2）無熱作用（A-thermal effects）・・・・・・・・・・・・・215
　（3）低レベル作用（Low-level effects）・・・・・・・・・・・216
Q.2−5−4　発がんメカニズムと関連するか？ ・・・・・・・・217
Q.2−5−5　電磁波を生物は感知できるか？ ・・・・・・・・・・219
　・μ波聴覚効果とは？ ・・・・・・・・・・・・・・・・・・・・・・220

・カルシウムイオン流出とは？ ・・・・・・・・・・・・・・・・・・・・・・・・・・221
・非線形作用との関連は？ ・・・・・・・・・・・・・・・・・・・・・・・・・・・222
Q.2-5-6 電磁過敏症（EHS）とは何か？ ・・・・・・・・・・・・・・・223
Q.2-5-7 生体影響をどのように研究調査するのか？ ・・・・・・・・225
(1) 全般的な研究デザイン・・・・・・・・・・・・・・・・・・・・・・・・・・・225
(2) 実験系及びドシメトリ・・・・・・・・・・・・・・・・・・・・・・・・・・226
(3) データ収集及び品質保証・・・・・・・・・・・・・・・・・・・・・・・・227
(4) データ分析 ・・・・・・・・・・・・・・・・・・・・・・・・・・・・・・・・・227
(5) 結論導出及び報告 ・・・・・・・・・・・・・・・・・・・・・・・・・・・・227
(6) 細胞研究 ・・・・・・・・・・・・・・・・・・・・・・・・・・・・・・・・・・228
(7) 動物研究 ・・・・・・・・・・・・・・・・・・・・・・・・・・・・・・・・・・229
(8) ヒトボランティア研究・・・・・・・・・・・・・・・・・・・・・・・・・・230
(9) 疫学研究 ・・・・・・・・・・・・・・・・・・・・・・・・・・・・・・・・・・230
Q.2-5-8 電磁波ばく露におけるリスクマネジメントとは？・・・・・・232
Q.2-5の参考文献 ・・・・・・・・・・・・・・・・・・・・・・・・・・・・・・・・233

Q.2-6　指針と規制

Q.2-6-1 電波防護指針とは？・・・・・・・・・・・・・・・・・・・・・・・・237
(1) 基礎指針とは？ ・・・・・・・・・・・・・・・・・・・・・・・・・・・・・・238
(2) 基本制限とは？ ・・・・・・・・・・・・・・・・・・・・・・・・・・・・・・238
(3) 管理指針とは？ ・・・・・・・・・・・・・・・・・・・・・・・・・・・・・・238
(4) SARとは？ ・・・・・・・・・・・・・・・・・・・・・・・・・・・・・・・・238
(5) 局所吸収指針における入射電力密度とは？ ・・・・・・・・・・・239
Q.2-6-2 日本の規制は？ ・・・・・・・・・・・・・・・・・・・・・・・・・・240
(1) 安全施設とは？ ・・・・・・・・・・・・・・・・・・・・・・・・・・・・・・240
(2) 携帯電話基地局の適合性確認は？ ・・・・・・・・・・・・・・・・・240
(3) 携帯電話端末の適合性確認は？ ・・・・・・・・・・・・・・・・・・240
Q.2-6-3 諸外国の状況は？ ・・・・・・・・・・・・・・・・・・・・・・・・242
Q.2-6の参考文献 ・・・・・・・・・・・・・・・・・・・・・・・・・・・・・・・・242

Q.2-7 実際のばく露量をどのように評価するか、ドシメトリ(Dosimetry)は?

Q.2-7-1 SARの測定は? ・・・・・・・・・・・・・・・・・・・・248
　(1) 基本の測定法 ・・・・・・・・・・・・・・・・・・・・・・248
　(2) 標準化と法制度化 ・・・・・・・・・・・・・・・・・・・250
　(3) 入射電力密度の測定法・・・・・・・・・・・・・・・・・・251
　(4) 標準化 ・・・・・・・・・・・・・・・・・・・・・・・・・252
Q.2-7-2 電磁界強度の測定は? ・・・・・・・・・・・・・・・253
Q.2-7-3 防護の3原則とは? ・・・・・・・・・・・・・・・・255
　(1) ALARA・・・・・・・・・・・・・・・・・・・・・・・・・255
　(2) 予防原則 ・・・・・・・・・・・・・・・・・・・・・・・255
　(3) 慎重なる回避 ・・・・・・・・・・・・・・・・・・・・・255
Q.2-7の参考文献 ・・・・・・・・・・・・・・・・・・・・・256

あとがき

第1部

電波の健康影響に関する研究

概説

第二次大戦後、レーダーの実用化等に伴い、電波ばく露の安全性について実験研究を推進することの必要性が急速に高まった。さらに携帯電話の爆発的普及は、身近な電波ばく露が発がんなどの健康悪影響に関係するのではとの懸念や不安を増大させた（第2部Q.2-4-3参照）。世界中の人がばく露する状況から、電波ばく露によって引き起こされるかもしれない様々なテーマについて、動物・細胞・疫学などの実験・研究が世界で多く実施されることとなった。

その結果、電波の健康影響とばく露強度の関係において、電磁エネルギーの熱作用（100 kHz程度以上）と電流刺激作用（10 MHz程度以下）が最も低レベルで生じること、また、電波には電離放射線が示すような僅かな影響の蓄積性や確率的影響（被ばく量が多くなるほど影響が現れる「確率」が高まること）、染色体レベルの作用は無いであろうこと、などが近代における基本的な科学的合意事項となっている（第2部Q.2-3、Q.2-4参照）。しかし科学に絶対はなく、低ばく露での影響が何も無いことを有限数の実験で証明するのは不可能かもしれない（Q.2-4-4参照）。

そのため現代でも継続して多くの実験研究が世界中で遂行されているが、防護指針値以下の安全とされるばく露で何らかの影響（いわゆる非熱作用）を確認したとする研究報告（仮に陽性報告と呼ぶ）が出現し、人々を不安にさせる場合が生じている。陽性報告は新規性があるため科学ジャーナルなどに採録されやすく、逆に陰性報告類は新規性がないため採録されにくい（これは「出版バイアス」として知られている）。全ての実験で一つでも陽性があれば、理屈としては影響の可能性を否定できないことになるので、陽性報告を慎重に扱う必要がある。

第1部は様々な「陽性報告」について代表例の内容をレビュー（精査）し、その結論の科学的妥当性を評価する。この際に公的機関のコメントを重視する。

　白黒を断定することが困難な報告例が多くあり、中には「意図的な陽性の結論」らしきものも見受けられる。それらについては「信憑性がない」といった曖昧な評価結果としている。

Q.1-1

電波はがんを生じるか？

Q.1−1−1 疫学研究ではどうなっているか？

　携帯電話ユーザーを対象とした疫学研究（特定の集団を対象として、健康に関する事象の頻度や分布を調査し、その要因を明らかにする研究）では、全体として脳腫瘍の増加は認められていない。

　ヘビーユーザーでは、ある種の脳腫瘍の発生率が高まるとの報告もあるが、これについては、携帯電話の使用頻度や左右どちらで使用するかといった自己申告が不正確であることによる偏り（バイアス）の影響等が指摘されている。なお、悪性腫瘍をがんと呼ぶ。

(1) INTERPHONE Study [1]

　1990 年代以降、世界中での携帯電話の急激な普及により、携帯電話使用に伴う電波ばく露による健康への悪影響についての懸念が生じたことから、世界保健機関（WHO）の下部組織である国際がん研究機関（IARC: International Agency for Research on Cancer）の調整の下で共通の研究手法を用いて、携帯電話使用に伴う電波ばく露と、頭部及び頸部の腫瘍のリスクとの関連について調べるため、日本、オーストラリア、カナダ、デンマーク、フィンランド、フランス、ドイツ、イスラエル、イタリア、ニュージーランド、ノルウェー、スウェーデン、イギリスの 13 か国が参加する国際的で大規模な症例対照研究（ある時点で特定の病気に罹っている人（症例）と、年齢・性別等の条件が同じで病気で無い人（対照）を集め、過去に遡ってその病気との関連が疑われる要因について調査する研究）である INTERPHONE Study[1] が実施され、国別研究の結果が多数報告されている。

　例えば、Takebayashi 他（2006）[2] は、日本における携帯電話使用と聴神経鞘腫（脳・脊髄腫瘍の一種で、聴神経を取り巻いている鞘から発生する）のリスクとの関連についての症例対照研究（症例 101 人／対照 399 人）を実施した。全体的な結果としては、携帯電話の定常的使用（6 か月以上の期間にわたり平均で週 1 回以上通話と定義）に関連した聴神経鞘腫のリスク上昇は認められなかった（オッズ比（OR：疾患等への罹りやすさを 2 つの群で比較して示す統計学的尺度）=0.73（95％ 信頼区

間（95% CI：正規分布に従う母集団から抽出した標本の平均を 100 回求
めた場合、95 回がその範囲に含まれる状況を意味し、信頼区間が 1 を
挟んでいれば統計的な有意差なしと判断される）=0.43-1.23））。累積使
用期間（4 年未満、4-8 年、8 年超）または累積通話時間（300 時間未満、
300-900 時間、900 時間超）をばく露指標に用いた場合も、聴神経鞘腫
のリスク上昇は観察されなかった。携帯電話使用の左右差は腫瘍と関連
していなかった。

　また、Takebayashi 他（2008）[3] は、日本における携帯電話使用と脳
腫瘍のリスクとの関連についての症例対照研究（神経膠腫（脳を構成す
る細胞の一種である神経膠細胞から発生する脳腫瘍の総称）では症例 88
人／対照 196 人、髄膜腫（脳腫瘍の一種で、脳を包んでいる髄膜に発生
する）では症例 132 人／対照 279 人、下垂体腺腫（脳の一部である下垂
体に生じる腫瘍）では症例 102 人／対照 208 人）を実施した。その結果、
携帯電話の定常的使用に関する神経膠腫、髄膜腫、下垂体線腫の OR 及
び 95%CI は、それぞれ 1.22（0.63-2.37）、0.70（0.42-1.16）、0.90（0.50-1.61）
と、統計的に有意なリスク上昇は認められなかった。脳内の比吸収率
（SAR）最大値をばく露指標とした場合も OR の上昇はなく、量反応関
係（ある因子へのばく露量と、ある事象（例えば疾病の発症）との関係）
も見られなかった。著者らは、高ばく露群で神経膠腫の OR の有意でな
い上昇が見られたが、これは想起バイアス（後述）が影響したかも知れ
ない、と報告している。

　INTERPHONE Study Group（2010）[4] は、神経膠腫及び髄膜腫につい
ての国別研究の結果をプール分析（幾つかの先行研究の一次データを用
いて、新たに統合したデータセットを作成し、これを分析対象とする研
究）した論文を発表した。要点は以下の通りである：

・携帯電話の定常的ユーザーに関しては、非定常的ユーザーと比較し
　て、OR の低下が神経膠腫（OR＝0.81、95% CI＝0.70-0.94）及び髄膜
　腫（OR＝0.79、95% CI＝0.68-0.91）について見られた。
・最初の携帯電話使用から 10 年以上後の OR 上昇は観察されなかっ
　た（神経膠腫：OR＝0.98、95% CI＝0.76-1.26；髄膜腫：OR＝0.83、

95% CI＝0.61-1.14）。

・生涯の通話件数の十段階区分の全て、及び累積通話時間の十段階区分のうち1番上を除く9つについて、OR は 1.0 未満であった。想起された累積通話時間の十段階区分の1番上（1640時間以上）については、神経膠腫の OR が 1.40（95% CI＝1.03-1.89）、髄膜腫の OR が 1.15（95%CI＝0.81-1.62）であった。但し、症例は対照よりも自身の過去の携帯電話使用を過大に報告することを示す証拠が認められた。

・神経膠腫についての OR は、脳の他の部位よりも側頭葉で高い傾向があったが、側頭葉の周囲に特定した CI の推定値は幅が広かった。腫瘍と同じ側の頭部で携帯電話を通常使用すると報告した被験者では、反対側で使用する被験者よりも、神経膠腫についての OR が高い傾向があった。

この論文では、「全体として、神経膠腫または髄膜腫のいずれについても、携帯電話使用に関連したリスク上昇は観察されなかった。神経膠腫については、最も高いばく露レベルと、腫瘍と同側でのばく露に関してリスク上昇が示唆されたが、髄膜腫についてはそれほどではなかった。また、神経膠腫については側頭葉での腫瘍に関してもリスク上昇が示唆された。但し、バイアス及び誤差が、これらの分析から導くことができる結論の強さを制限しており、因果関係の解釈を妨げている」と結論付けている。

また、INTERPHONE Study Group（2011）[5] は、聴神経鞘腫についての国別研究の結果をプール分析した論文を発表した。要点は以下の通りである。

携帯電話を定常的に使用した経験があるユーザーの聴神経鞘腫の OR は 0.85（95% CI＝0.69-1.04）であった。最初の定常的な携帯電話使用から 10 年以上後の OR は 0.76（95% CI＝0.52-1.11）であった。累積通話時間または累積通話件数の増加に伴う OR の上昇傾向はなく、累積通話時間については OR が上から2つ目の十段階区分で最も低い OR＝0.48（95% CI＝0.30-0.78）が観察された。累積通話時間の1番上の十段階区分（1640時間以上）では、OR＝1.32（95% CI＝0.88-1.97）であった。

　しかし、この 1640 時間以上の携帯電話の累積使用の報告にはあり得ない値があった。5 年前についての調査では、最初の定常的使用から 10 年以上についての OR は 0.83（95% CI＝0.58-1.19）、累積通話時間が 1640 時間以上について 2.79（95% CI＝1.51-5.16）であったが、ここでも 1 番上を除く 9 つの十段階区分では増加傾向はなく、9 番目の十段階区分で最も低い OR が認められた。

　全体として、自身の腫瘍と同じ側の頭部で携帯電話を通常使用していたと報告した被験者では、反対側と報告していた被験者と比較して、OR は大きくなかったが、累積使用時間が 1 番上の十段階区分の被験者では大きかった。

　この論文では、「携帯電話の定常的使用経験者、または参照日の 10 年以上前に定常的使用を開始したユーザーには、聴神経鞘腫のリスク上昇はなかった。累積通話時間が最も高いレベルで認められた OR の上昇は、偶然、報告バイアスまたは因果関係によるものである可能性がある。聴神経鞘腫は成長が緩慢な腫瘍なので、携帯電話の導入と腫瘍の発生との間隔は短すぎて、仮に影響があったとしても、それを観察することができなかったのかも知れない」と結論付けている。

(2) スウェーデンでの症例対照研究

　Hardell 他（2011）[6] は、スウェーデンにおける携帯電話及びコードレス電話使用と悪性脳腫瘍のリスクとの関連についての論文を多数発表している。2011 年には、自身らによる 3 報の症例対照研究のプール分析を実施した。その結果、潜伏期間（この論文では使用期間と概ね同義に扱われている）が 10 年超のグループでは、神経膠腫の OR が携帯電話について 2.7（95% CI＝1.9-3.7）、コードレス電話について 1.8（95% CI＝1.2-2.9）であった。星状細胞腫に関しては、20 歳以前に使用を開始したグループで最もリスクが高かった（携帯電話について OR＝4.9、95% CI＝2.2-11；コードレス電話について OR＝3.9、95% CI＝1.7-8.7）、と報告している。

(3) デンマークでのコホート研究

　Schüz 他（2006）[7] は、デンマークで 1982 年から 1995 年に初めて加入者となった携帯電話ユーザー約 42 万人の全国的コホート（ある共通の特性（例えば、出生年、職業）を有する集団）を対象に、がんリスクを 2002 年まで最長で 21 年間追跡調査した。このコホート内でのがんの観察数を、同国の国民全体での期待値で除することで、標準化発生率（SIR：調査対象集団における発生数（ある期間における新規の症例数）の、全人口における性別及び年齢の差を考慮した（標準化した）発生数に対する比率）を得た。その結果、男女合計では 14249 人のがん症例が観察された（SIR＝0.95、95% CI＝0.93-0.97）。脳腫瘍（SIR＝0.97）、聴神経鞘腫（SIR＝0.73）、唾液腺腫瘍（SIR＝0.77）、眼腫瘍（SIR＝0.96）、白血病（SIR＝1.00）については、携帯電話使用とリスク上昇との関連は認められなかった。10 年以上の長期加入者にも脳腫瘍のリスク上昇との関連は認められず（SIR＝0.66、95% CI＝0.44-0.95）、最初の加入からの期間に伴う増加傾向もなかった。但し、この研究では携帯電話事業者から取得した加入者情報を携帯電話使用の代用尺度に用いたため、ユーザーの誤分類（例えば、事業者に届け出た加入者と実際の使用者が異なる）が相当あった可能性が指摘されている。

　Frei 他（2011）[8] は、Schüz 他（2006）のコホート研究を更新した。その結果、1990-2007 年の追跡期間において、中枢神経系（CNS）腫瘍の症例は 10729 人であった。この腫瘍のリスクは男女共にほぼ 1（増減なし）であった。携帯電話の使用期間が最も長い（即ち、加入期間が 13 年以上の）人々に限定しても、発生率比は男性で 1.03（95% CI＝0.83-1.27）、女性で 0.91（0.41-2.04）であった。加入期間が 10 年以上の人々のうち、神経膠腫については男性で 1.04（0.85-1.26）、女性で 1.04（0.56-1.95）、髄膜腫については男性で 0.90（0.57-1.42）、女性で 0.93（0.46-1.87）であった。携帯電話の最初の加入からの年数、または腫瘍の解剖学的位値（端末を通常保持する位置に最も近づく脳の部位）のいずれについても、量反応関係の兆候は認められなかった。

　Benson 他（2013）[9] は、英国全土の中年女性（791,710 人）について

の前向きコホート「女性 100 万人調査」を用いて、携帯電話使用と頭蓋内の CNS 腫瘍、及びその他のがんとの関連を調査した。参加者は 1999-2005 年に携帯電話使用状況を回答した（ベースライン調査）。また、2009 年に、回答者の一部を対象に使用状況のフォローアップを実施し、使用者についてはベースライン調査との一貫性を概ね確認した（但し、ベースラインで非使用と回答した人の約半数が使用者に変わっていた）。結果として、7 年間のフォローアップ期間中に 51680 件の浸潤がんと 1261 件の頭蓋内 CNS 腫瘍が発生した。ベースライン調査での「使用者」群と「非使用者」群での発生を比較した相対リスク（RR：非ばく露群での疾患の発生率に対する、ばく露群の疾患発生率の比）は、全頭蓋内腫瘍（RR=1.01（95% CI=0.90-1.14）及び CNS 腫瘍の特定のタイプ、頭蓋内以外の 18 部位のがんで上昇を示さなかった。「10 年以上の使用者」群において、神経膠腫（RR=0.78（95% CI=0.55-1.10）または髄膜腫（RR=1.10（95% CI=0.66-1.84））に関連は見られなかった。

（4）携帯電話電波の発がん性についての IARC の評価

　IARC は 2011 年、携帯電話電波を含む無線周波（radio frequency: RF、IARC の定義では 30 kHz から 300 GHz まで）の電磁界の発がん性評価のため、日本を含む 14 か国から参加した 31 名の研究者で構成される作業グループ会合を開催した。この会合では、上述の INTERPHONE Study、Hardell 他、Schüz 他の疫学研究、ならびに実験動物を用いた研究を含む約 900 報の論文を精査した結果、RF 電磁界が「ヒトに対して発がん性があるかも知れない（グループ 2B）」に分類された（Baan 他、2011）[10]。この評価結果は、2013 年に IARC の公式文書として刊行された（IARC、2013）[11]。この文書では、「INTERPHONE Study と Hardell 他の研究の結果に不一致があること、ならびに、これまでに携帯電話の普及に伴う脳腫瘍の発生率の増加傾向が認められていないこと等を踏まえて、ヒトに関する証拠は不十分とする少数意見があり、因果関係についての結論が認められなかった」としている。

　この IARC の発がん性評価は、ヒトにおける証拠と、実験動物におけ

る証拠の強さに基づき、表 1-1 のように分類される。

　これまでに発がん性が分類されている作用因子の例を表 1-2 に示す。

　なお、IARC の評価は「発がん性の強さ」を定量的に分類したものではなく、「発がん性についての証拠の強さ（確からしさ）」を定性的に示しているに過ぎない、という点に注意を要する。つまり、上位の分類にある作用因子が、下位の因子よりも発がん性が強いということを必ずしも意味するわけではない。また、この評価はあくまでも発がん性に関するものであり、発がん性以外の毒性（がん以外の疾病への影響、催奇形性、生殖毒性、免疫毒性、等）とは無関係である。例えば、IARC が 2015 年 10 月に加工肉・赤肉の発がん性を発表 [14] した数日後、WHO は「IARC の最新のレビューは、人々に加工肉を食べないよう求めるものではなく、加工肉の摂取を減らすことで結腸直腸がんのリスクを減らすことができることを示すものである」との声明を発表している [15]。また、内閣府の食品安全委員会も、「IARC の今回の発表は、赤肉及び

〔表 1-1〕IARC の発がん性評価［IARC 資料 [12]：2019a を基に作成〕

証拠の流れ			証拠の重みに基づく分類
ヒトでのがんの証拠	実験動物でのがんの証拠	発がんメカニズムの証拠	
十分	不要	不要	ヒトに対して発がん性がある（グループ 1）
限定的または不十分	十分	強い（ばく露されたヒト）	
限定的	十分	強い、限定的、または不十分	ヒトに対しておそらく発がん性がある（グループ 2A）
不十分	十分	強い（ヒトの細胞または組織）	
限定的	十分に満たない	強い	
限定的または不十分	不要	強い（メカニズム的分類）	
限定的	十分に満たない	限定的または不十分	ヒトに対して発がん性があるかも知れない（グループ 2B）
不十分	十分	強い、限定的、または不十分	
不十分	十分に満たない	強い	
限定的	十分	強い（ヒトでは動作しない）	
不十分	十分	強い（ヒトでは動作しない）	ヒトに対する発がん性を評価できない（グループ 3）
上記以外の全ての状況			

〔表 1-2〕IARC の発がん性分類と作用因子 [IARC 資料 [13]:2019b を基に作成]

IARC の発がん性分類	作用因子の例
グループ 1： ヒトに対して発がん性がある	アスベスト（全形態）、カドミウム及びカドミウム化合物、電離放射線（全種類）、太陽光、紫外線（波長 100-400 nm）、紫外線を照射する日焼け装置、アルコール飲料、喫煙、受動喫煙、無煙タバコ、ベンゼン、ホルムアルデヒド、2,3,7,8- テトラクロロジベンゾ - パラ - ジオキシン、ディーゼルエンジン排ガス、粒子状物質、ポリ塩化ビフェニル、加工肉（ハム、ソーセージ等）、など [合計 120 種]
グループ 2A： ヒトに対して恐らく発がん性がある	無機鉛化合物、木材等のバイオマス燃料の室内での燃焼、概日リズムを乱す交替制勤務、赤肉（哺乳類の肉）、65℃以上の非常に熱い飲み物、など [合計 82 種]
グループ 2B： ヒトに対して発がん性があるかも知れない	鉛、重油、ガソリン、漬物、メチル水銀化合物、クロロホルム、超低周波磁界、無線周波電磁界（携帯電話電波を含む）、ガソリンエンジン排ガス、など [合計 311 種]
グループ 3： ヒトに対する発がん性を分類できない	原油、経由、カフェイン、お茶、蛍光灯、水銀及び無機水銀化合物、静電界、静磁界、超低周波電界、有機鉛化合物、コーヒー、マテ茶（高温でないもの）、カプロラクタム（ナイロンの原料で 2018 年まではグループ 4（おそらく発がん性がない）だったが 2019 年に変更された）、など [合計 500 種]

　加工肉がヒトに対する発がん性の危険因子（危害要因、ハザード）であるかどうかを評価した、言い換えれば発がん性を有するかどうか、発がん性との因果関係の科学的根拠の強さを判定したものです。摂取量も考慮しヒトに対してどの程度リスクがあるかを判断したものではなく、赤肉等のヒトの健康に対する影響の大きさを推し量れるものではありません」とコメントしている [16]。

(5) IARC の評価以降の研究

　Aydin 他（2011）[17] は、子ども及び若年者における携帯電話使用と脳腫瘍のリスクとの関連を、ノルウェー、デンマーク、スウェーデン、スイスで実施された複数研究拠点での症例対照研究（CEFALO）で調べた。調査対象には、2004-2008 年の期間に脳腫瘍と診断された 7-19 歳の子ども及び若年者を全て含めた。脳腫瘍の症例 352 人（参加率 83% 及び対照 646 人（参加率 71%）、ならびにその両親に個別にインタビューを実施した。対照は住民登録から無作為抽出し、年齢、性別、地理的区域で症例とマッチングした。携帯電話使用についての質問に加えて、入

手可能な場合は携帯電話事業者の記録を分析に含めた。脳腫瘍のリスク
の OR 及び 95%CI を計算した。その結果、携帯電話の定常的使用者には、
非使用者と比較して、統計的に有意な脳腫瘍のリスク上昇は認められな
かった（OR＝1.36、95% CI＝0.92-2.02）。携帯電話使用を少なくとも 5 年
前に開始した子どもには、定常的使用の経験がない子どもと比較して、
リスク上昇は認められなかった（OR＝1.26、95% CI＝0.70-2.28）。携帯電
話事業者のデータが入手可能であった参加者のサブグループでは、脳腫
瘍のリスクと携帯電話加入からの経過時間との関連が認められたが、携
帯電話の使用量との関連は認められなかった。最も高いばく露量を受け
る脳の部位では、脳腫瘍のリスク上昇は認められなかった、と著者らは
報告している。

　De Vocht 他（2011）[18] は、1998-2007 年に英国イングランドで新たに
脳腫瘍と診断された症例の発生率の時間的傾向と携帯電話使用との関連
を調査した。この結果、男女またはいずれの年齢層においても、脳腫瘍
の発生率に全体的な時間的傾向は認められなかった。側頭葉の腫瘍につ
いては、男性（0.04 例／年）及び女性（0.02 例／年）で発生率の系統的な
上昇が認められたが、頭頂葉（-0.03 例／年）、大脳（-0.02 例／年）及び
小脳（-0.01 例／年）のがんについては、男性にのみ発生率の低下が認め
られた。1985-2003 年における携帯電話使用の増加は、1998-2007 年に
おけるイングランドでの脳のがん発生率の顕著な変化にはつながってい
なかった。側頭葉で観察された発生率の上昇が仮に携帯電話使用によっ
て生じたものだとしても、当該期間に新たに生じた症例は 10 万人あた
り 1 人未満である。著者らは、「これらのデータは、携帯電話からの電
波ばく露を低減するための国民全体への介入によってプレコーショナリ
原則（precautionary principle、Q.2-5-8 を参照）を実施する差し迫った必
要性を示していない」と結論付けている。

　Little 他（2012）[19] は、携帯電話使用と神経膠腫のリスクについての
2 報の先行研究（前述の INTERPHONE Study Group（2010）、Hardell 他
（2011））で報告された RR を用いて予測される神経膠腫の発生率の傾向
を、米国において観察された発生率の傾向（18 歳以上で神経膠腫と診断

された、非ヒスパニック系白人 24813 人についてのデータに基づく）と
比較検討した。その結果、実際の年齢別の神経膠腫の発生率は全体とし
て、携帯電話の普及が拡大した 1992-2008 年の期間を通じて一定であっ
た。Hardell 他（2011）における潜伏期間と携帯電話の累積使用時間によ
る神経膠腫の RR に基づけば、予想される発生率は 2008 年に観察され
た発生率より少なくとも 40% 高くなければならなかった。しかし、
INTERPHONE Study Group（2010）における少数の高ばく露群に基づい
て予測した神経膠腫の発生率は、観察されたデータと一貫し得るもので
あった。

　Chapman 他（2016）[20] は、オーストラリアの全国がん登録で 1982-
2012 年に診断された脳腫瘍（男性 19858 人、女性 14222 人）の年齢別
（20-39、40-59、60-69、70-84 歳）及び性別での発生率、ならびに 1987-
2012 年の期間の携帯電話使用データを調べた（同国では 1987 年に携帯
電話が導入された）。携帯電話使用と脳腫瘍発生の関連が成り立つと仮
定した場合の年齢及び性別での発生率の期待値を、潜伏期間 10 年、
携帯電話ユーザーの RR を 1.5、ヘビーユーザー（全ユーザーの 19%）の
RR を 2.5 としてモデル計算も行った。その結果、年齢で調整後の発生
率（20-84 歳、10 万人あたり）の 30 年間の推移は、男性では若干の増加
傾向が見られ、女性では安定していた。年齢別では、男女とも 70 歳以
上の群以外での増加は見られず、70 歳以上の群での急激な増加が観察
された。この傾向は 1982 年にも観察されていた。標準化発生率（SIR）
は男性で 8.7（95% CI＝8.1-9.3）、女性で 5.8（95% CI＝5.3-6.3）であった
のに対し、因果関係を仮定した場合の SIR の期待値は男性で 11.7（95%
CI＝11-12.4）、女性で 7.7（95% CI＝7.2-8.3）であり、発生数で見ると
2012 年の観察数 1434 症例に対し期待値は 1867 症例であった。これら
の結果から、携帯電話使用の急増に伴う脳腫瘍の発生数の増加は見られ
なかった、と著者らは報告している。

　Sato 他（2016）[21] は、1993-2010 年の期間に日本の若年者に CNS の
悪性新生物（がん）の発生率が増加しているかどうか、また、携帯電話
使用の増加によってその増加を説明できるかどうかを調べた。携帯電話

の累積使用時間が1640時間を上回るユーザーのRRを1.4と仮定して発生率の期待値を計算した。その結果、平均年変化率は、1993-2010年の期間の20代男性で3.9%（95% CI＝1.6-6.3）、2002-2010年の期間の20代女性で12.3%（95% CI＝3.3-22.1）、1993-2010年の期間の30代男性で2.7%（95% CI＝1.3-4.1）、1993-2010年の期間の30代女性で3.0%（95% CI＝1.4-4.7）であった。1993-2010年の期間の10万人あたりの発生数の変化は、20代男性で0.92、20代女性で0.83、30代男性で0.89、30代女性で0.74であった。計算された期待値によれば、1993-2010年の期間の10万人あたりの発生数の変化は、同上順に、20代男性で0.08、20代女性で0.03、30代男性で0.15、30代女性で0.05となった。著者らは、このような年齢別・性別・観察期間別の発生数の増加パターンは、年齢別・性別・観察期間別の発生率の傾向と一貫しないことから、全体的な発生率の増加は携帯電話のヘビーユーズでは説明できない、と結論付けている。

　Karipidis他（2018）[22] は、オーストラリアで1982-1992、1993-2002、2003-2013年の各期間における脳腫瘍の発生率の時間的傾向を調べると共に、携帯電話使用が大幅に増加した期間（2003-2013年）に観察された発生率を、様々な相対リスク、潜伏期間及び携帯電話の使用シナリオを適用して予測した発生率と比較した。同国全土の20-59歳の脳腫瘍の症例（男性10083人、女性6742人）を調査対象とした。主な測定指標として、脳腫瘍発生率の年間変化率（APC）を用いた。その結果、脳腫瘍の発生率全体は、3つの期間のいずれにおいても安定していた。1993-2002年の期間に神経膠芽腫の増加が認められた（APC＝2.3、95% CI＝0.8-3.7）が、これは当該期間における磁気共鳴画像撮影法（MRI）の進歩によるものである可能性が高いとされた。神経膠腫（APC=-0.6、95% CI=-1.4-0.2）及び神経膠芽腫（APC=0.8、95% CI=-0.4-2.0）を含む脳腫瘍のいずれのタイプにも、携帯電話使用が大幅に増加した期間に増加は認められなかった。この期間には、携帯電話使用時に最もばく露される部位である側頭葉における神経膠腫の増加も認められなかった（APC=0.5、95% CI=-1.3-2.3）。潜伏期間を最長15年とした場合に予測

された発生率は、観察された発生率よりも高かった。著者らは、同国で
は携帯電話が原因と考えられるような脳腫瘍の組織学的タイプまたは神
経膠腫の部位における増加はなかった、と結論付けている。

(6) 携帯電話使用と脳腫瘍に関する疫学研究の疑問点

　携帯電話使用と頭頸部の腫瘍のリスクとの関連についての疫学研究で
は、ユーザーの当該部位への実際の電波ばく露を正確に把握することが
極めて重要である。症例対照研究では、ばく露評価は主にユーザーの自
己申告、即ち過去の使用歴についての本人の記憶に基づいて行われてい
るが、例えば頭部に腫瘍がある患者（症例）は、腫瘍がない健常者（対照）
と比較して、腫瘍と同側での携帯電話使用を実際よりも過大に申告する
傾向が有意に強いことが確認されている（Vrijheid 他、2009）[23]（これ
は「想起バイアス」と呼ばれる）。また、症例は自身の疾患（この場合
は頭頸部の腫瘍）の原因について関心が高いが、対照はそれほど関心が
ないため、症例と対照で参加率に差が生じる（これは「参加バイアス」
と呼ばれる）。これらのバイアスの可能性を排除したコホート研究では、
携帯電話使用に関連したリスク上昇は認められていない。

　こうした疑問点があることから、これまでに実施されてきた疫学研究
の系統的な分析（HCN、2013）[24] では、「長期間の集中的な携帯電話使
用と神経膠腫の発生率の上昇との間に、弱く一貫性のない兆候が幾つか
ある。これは各種のバイアスや偶然によって説明できるかも知れないが、
因果関係があるということも排除できない。髄膜腫や聴神経鞘腫を含む、
その他の種類の腫瘍については、リスク上昇の兆候は更に弱いか、全く
存在しない」、「約 13 年間までの携帯電話使用に関連した、脳及び頭部
のその他の部位での腫瘍のリスク上昇について、明確で一貫性のある証
拠はないが、そのようなリスクを排除することもできない。より長期間
の使用については何も言えない」と結論付けられている。

　また、IARC の発がん性評価以降の複数の疫学研究の結果を踏まえた
レビュー（SCENIHR、2015）[25] では、「神経膠腫についての証拠は弱
まってきている」と結論付けられている（Q.1-7 (3) 参照）。

（7）携帯電話基地局、放送施設の周辺でのがんについての疫学研究

　以上、携帯電話使用と脳腫瘍のリスクとの関連についての疫学研究について述べた。これ以外のがんについての疫学研究としては、携帯電話基地局や放送施設の周辺でのがんリスクを扱ったものがある。以下にその事例を幾つか紹介する。

　Hocking 他（1996）[26] は、TV 放送用タワーからの電波ばく露のがんへの影響を調べるため、オーストラリアのニューサウスウェールズ州にある TV タワーの周辺の 3 つの自治体と、それらに隣接する 9 つの自治体において、1972-1990 年の期間に住民のがん発生率及びがん死亡率が上昇しているかどうかを調べた。がんに関するデータ、及び放送電波の周波数、電力、放送期間に関するデータは、それぞれ保健福祉省及び通信芸術省から取得した。その結果、TV タワーの周辺の自治体では、それらに隣接する自治体と比較して、全年齢についての白血病の発生率の RR は 1.24（95% CI＝1.09-1.40）、小児白血病の発生率は 1.58（95% CI＝1.07-2.34）、小児白血病の死亡率は 2.32（95% CI＝1.35-4.01）であった。最も一般的な白血病である、小児のリンパ球性白血病については、発生率は 1.55（95% CI＝1.00-2.41）、死亡率は 2.74（95% CI＝1.42-5.27）であった。著者らは、小児白血病の発生率及び死亡率の上昇と、TV タワーへの近接度との関連が認められた、と結論付けている。

　McKenzie 他（1998）[27] は、Hocking 他（1996）の研究について、TV タワー周辺の 3 つの自治体のうちの 1 つが小児白血病のリスク上昇と最も関連しており、その自治体を分析から除去すると TV タワーへの近接度と小児白血病との関連は消失すること、周辺の 3 つの自治体では電波強度に差がないことから、当該自治体での小児白血病の増加は電波ばく露以外の原因によるものと判断すべきで、Hocking 他の結論は誤りである、との見解を示した。

　Dolk 他（1997a）[28] は、英国イングランドのウェスト・ミッドランド州サットン・コールドフィールドにある TV 及び FM ラジオ放送施設周辺における白血病及びリンパ腫のクラスター（集積）についての未確認の報告を調査するため、1974-1986 年の期間についての当該地域での

がん発生率を、診断時点での住所の郵便番号を付した全国がん登録デー
タベース、国勢調査からの人口及び社会経済データを用いて調べた。調
査地域は施設周辺の半径 10 km 圏内とし、その圏内での施設からの距離
に基づく 10 区域を定義し、距離によるがんリスクの低下を調べた。そ
の結果、施設から 2 km 圏内での成人の白血病のリスクは 1.83（95%
CI = 1.22-2.74）で、施設からの距離に伴うリスクの有意な低下が認めら
れた。この知見は、1974-1980 年と 1981-1986 年の期間で一致している
ようであると見なされた。皮膚がん及び膀胱がんについても、施設から
の距離に伴う有意なリスク低下が認められたが、皮膚がんについては住
民の社会経済的要因との交絡（ある結果について 2 つ以上の要因が考え
られ、それぞれの原因がどの程度結果に影響しているか区別できない場
合の、これらの要因の関係を指す）の可能性があった。著者らは、国勢
調査区域全体での白血病のリスクの変動に照らせば、当該施設周辺での
知見は特異的であった、と結論付けている。

　Dolk 他（1997b）[29] は、サットン・コールドフィールドの TV 及び
FM ラジオ放送施設周辺での調査結果（Dolk 他、1997a）を踏まえて、英
国グレートブリテン島内 20 か所の高出力 TV 及び FM ラジオ放送施設
の周辺における 1974-1986 年の期間についてのがん発生率を調査した。
その結果、20 施設全体での分析では、成人の白血病についての距離に
伴う僅かに有意なリスク低下が認められたが、小児の白血病及び脳腫瘍、
ならびに成人の皮膚がん及び膀胱がんには、距離に伴うリスク低下は認
められず、Dolk 他（1997a）で認められたリスクの大きさとパターンは
再現されなかった。

　Michelozzi 他（2002）[30] は、イタリアのローマ郊外にあるヴァチカン・
ラジオ放送局から半径 10 km 圏内における成人及び小児の白血病に関す
る疫学調査を実施した。その結果、成人の白血病死亡に関しては、男女
別及び全体でリスク上昇は認められなかったが、例外として 2 km 圏内
の男性について標準化死亡率（SMR：調査対象集団における死亡数（あ
る期間における死亡数）の、全人口における性別および年齢の差を考慮
した（標準化した）死亡数に対する比率）が有意に高かった。また、距

離に伴うリスク低下は男性のみで有意であった。小児白血病発生に関しては、0-2 km、2-4 km、4-6 km における標準化発生率（SIR）はそれぞれ 6.1、2.3、1.9 であり、6 km 以遠では発生しなかった。6 km 圏内全体での SIR は 2.2（95% CI＝1.0-4.1）であった。この研究には、症例数が少ないことと、ばく露評価が欠如していることという限界があり、高出力放送施設周辺の住民における白血病のリスク上昇についての更なる証拠を提示しているものの、因果関係を示すものではない、と結論付けている。

　北アイルランドがん登録局（NICR、2004）[31] は、地元自治体の要請により、ある地域の無線通信タワー周辺でがんのクラスターが発生しているかどうかについて調査した。この結果、当該施設の周辺におけるがん発生率は、北アイルランド全体の発生率よりも統計的に高くはなく、発生率の明確かつ有意な増加傾向も見られなかった。

　オーストラリアの王立メルボルン工科大学（RMIT、2006）[32] は、屋上に複数の携帯電話アンテナが設置された同大学の建物で働く職員に脳腫瘍が 7 年間で 7 件発生したことから、職員を配置転換すると共に、この建物における環境調査を実施した。調査の結果、RF 強度及びその他の測定値は、いずれも同国の基準値を大幅に下回るものであることが確認された。この問題について、同国で電波防護に関する規制を担当するオーストラリア放射線防護・原子力安全庁（ARPANSA、2006）[33] は、同大学が職員の配置転換を行ったことは理解できるが、電波ばく露と脳腫瘍との間には確立された科学的相関はない、と強調した。

（8）携帯電話基地局、放送施設周辺でのがんについての疫学研究の疑問点

　放送施設周辺でのがんリスクに関する疫学研究では、単に当該施設からの距離に基づいてリスクを比較しているが、施設の周辺住民の実際の電波ばく露レベルは必ずしも施設からの距離と直接相関せず、地形や住居の構造・建材等の様々な要因によって変化する。また、この種の研究では、がんに関連する可能性のある電波以外の要因（例：農薬、工場排煙、自動車由来の排ガス、ウィルス感染、地域固有の食文化）の影響を完全に排除できていない場合がある。WHO は、「がんはどの人口集団にお

いても、地理的に一様ではなく分布することに留意しましょう」として
いる（Q.1-10（1）参照）。

（9）電波ばく露とがんに関するその他の疫学研究

　Finkelstein（1998）[34] は、カナダのオンタリオ州で、レーダー装置を
用いて交通取り締まりを実施していた警察官 22,197 人について、精巣
がん、白血病、脳腫瘍、眼のがん、皮膚がんの発生率に関する後ろ向き
コホート研究を実施した。その結果、精巣がん（SIR＝1.3、90% CI＝0.9-
1.8）及び皮膚がん（SIR＝1.45、90% CI＝1.1-1.9）の発生率の増加が認め
られた（がん全体では SIR＝0.90、95% CI＝0.83-0.98）。但し、この研究
では、個々の被験者のレーダーへのばく露データが得られなかったため、
ばく露とがん発生との関連についての結論は得られなかった。

　Morgan 他（2000）[35] は、通信機器製造会社の労働者約 20 万人を対
象とした大規模なコホート研究を実施した。労働者の電波ばく露を「高」、
「中」、「低」、「バックグラウンド」の各グループに分類し、1976-1996
年の期間について 270 万人・年のばく露履歴を調べた。その結果、コホ
ート外の集団と比較した、ばく露労働者の SMR は、CNS 及び脳のがん
について 0.53（95% CI＝0.21-1.09）、リンパ腫及び白血病全体について
0.54（95% CI＝0.33-0.83）で、リスク上昇は認められなかった。

Q. 1－1－2　動物研究はどうなっているか？

　電波ばく露とがんとの関連についての実験動物を用いた研究は、これまでに日本を含めて世界中で数多く実施されてきた。大半の研究では影響は認められていないが、影響があったとする報告も幾つかある。最近発表された大規模な動物実験の結果には議論の余地がある。

（1）先行研究

　Repacholi 他（1997）[36] は、遺伝子導入（transgenic）によりリンパ腫の発生率を高めたマウスを、携帯電話電波（GSM 900 MHz）に毎日朝夕30分ずつ 18 か月間にわたり、自由に動き回れるケージ内で全身ばく露した（SAR＝0.0078-4.2 W/kg）。その結果、ばく露群では擬似ばく露群と比較して、統計的に有意なリンパ腫のリスク上昇（OR＝2.42、95％CI＝1.3-4.5）が認められた。

　Utteridge 他（2002）[37] は、Repacholi 他（1997）の再現実験として、遺伝子導入マウスを携帯電話電波（GSM 898.4 MHz、SAR＝0.25、1.0、2.0、4.0 W/kg）に 1 時間／日、5 日／週、最長 104 週間、チューブ内に拘束した状態でばく露した。その結果、いずれのレベルのばく露群と擬似ばく露群の間にも、リンパ腫の発生率に有意差は見られず、量反応関係も認められなかった。

　Oberto 他（2007）[38] は、Repacholi 他（1997）の再現実験として、遺伝子導入マウスを携帯電話電波（GSM 900 MHz、SAR=0.5、1.4、4.0 W/kg）に 1 時間／日、7 日／週、18 か月間、チューブ内に拘束した状態でばく露した。その結果、いずれの部位での腫瘍の発生にも影響を示さず、Rapacholi 他の知見を裏付けることはできなかった。全体として、新生物病変または非新生物病変の発生に対して、使用された条件の下では電波ばく露の影響は見られず、電波が発がん性の可能性をもつ証拠は得られなかった。

　Brillaud 他（2007）[39] は、携帯電話電波への急性的な局所ばく露（GSM 900 MHz、脳平均 SAR＝6 W/kg、15 分間）後の星状細胞の活性化

（グリア反応）を確認するため、グリア細胞線維性酸性タンパク質
（GFAP）の発現を測定して、GSM ばく露（900 MHz、脳平均 SAR=6 W/
kg、15 分間）から 2、3、6、10 日後の影響を調べた。雄のラット 48 匹を、
ばく露群（9 匹 × 4 群）及び擬似ばく露群（6 匹 ×2）に分け、ばく露群
の 4 群（E2、E3、E6、E10 群）をそれぞればく露から 2、3、6、10 日後に、
擬似ばく露群の 2 群（S3、S10 群）をそれぞれ擬似ばく露から 3、10 日
後に屠殺し、脳の部位ごとに GFAP 染色領域の面積を調べることで、電
波ばく露の影響を評価した。その結果、電波ばく露の 2 日後に、前頭皮
質及び線条体における GFAP 染色領域の統計的に有意な増加が認められ
た。ばく露の 3 日後には、より小規模だが統計的に有意な増加が、同じ
部位及び小脳皮質に認められた。

　Juutilainen 他（2007）[40] は、携帯電話電波への慢性的な全身ばく露
（NMT 902.5 MHz、連続波、全身平均 SAR=1.5 W/kg；GSM 902.4 MHz、
パルス波、全身平均 SAR=0.35/0.5 W/kg；D-AMP 849 MHz、全身平均
SAR=0.5 W/kg、いずれも 1.5 時間／日、5 日間／週、78 または 52 週間）
が、雌のマウス（各群 20 匹）の赤血球における X 線または紫外線で誘
導した小核形成頻度に及ぼす影響を調べた。この結果、赤血球における
小核形成頻度への影響は認められなかった。

　Shirai 他（2007）[41] は、携帯電話電波への慢性的な局所ばく露（CDMA
1.95 GHz、90 分間／日、5 日間／週、104 週間、脳平均 SAR=0.67 また
は 2.0 W/kg）が、ラットの中枢神経系における N- エチルニトロソ尿素
（ENU）で誘導した腫瘍の成長に及ぼす影響を調べた。妊娠した F344 ラ
ット 100 匹に対し、妊娠 18 日目に ENU を投与し、得られた仔ラット
を雌雄 50 匹ずつ 5 群（非処理群、ENU 単独投与群、ENU+CDMA 低ば
く露群、ENU+CDMA 高ばく露群、擬似ばく露群）に無作為に割付け、
電波にばく露または擬似ばく露した。その結果、CDMA ばく露群の雌
のラットに脳腫瘍の増加傾向が認められたが、統計的に有意ではなかっ
た。全体として、CDMA ばく露群における CNS 腫瘍の有意な増加は認
められなかった。

　Smith 他（2007）[42] は、携帯電話電波への慢性的な全身ばく露（GSM

902 MHz、全身平均 SAR＝0.41/1.23/3.7 W/kg；DCS 1747 MHz、全身平均 SAR＝0.44/1.33/4 W/kg、いずれも 2 時間／日、5 日間／週、52 または 104 週間）が、ラット（各群につき雌雄各 65 匹、計 1200 匹）の発がんに及ぼす影響を調べた。この結果、電波ばく露による悪性病変の種類、発生率、多発性、潜伏期間への影響は何ら認められなかった。

Sommer 他（2007）[43] は、携帯電話電波への慢性的な全身ばく露（UMTS 1.966 GHz、最長 248 日間、全身平均 SAR＝0.4 W/kg）が、リンパ腫のモデル動物であるマウス（ばく露群／擬似ばく露群各 160 匹）のリンパ腫の進行に及ぼす影響を調べた。その結果、UMTS ばく露によるリンパ腫への有意な影響は認められなかった。リンパ腫の悪性度への影響も認められなかった。

Tillmann 他（2007）[44] は、携帯電話電波への慢性的な全身ばく露（GSM：900 MHz、DCS：1747 MHz、パルス波、全身 SAR 最大値：33.2/11.1/3.7 mW/g、2 時間／日、5 日／週、2 年間）による、マウス（合計 1170 匹）の内分泌系、生殖系、免疫系、呼吸器系、下垂体、ハルダー腺、肺、肝臓、副腎、子宮での発がんへの影響を調べた。この結果、電波ばく露による腫瘍発生率の有意な上昇は認められなかった。

Hruby 他（2008）[45] は、携帯電話電波への長期ばく露（GSM 902 MHz、SAR＝0.4、1.3、4.0 W/kg、4 時間／日、5 日間／週、6 か月間）が、雌のラットにジメチルベンゾアントラセン（DMBA：発がん性物質）で誘発した乳腺腫瘍に対する影響を調べた。その結果、高ばく露群では良性腫瘍が少なく、悪性腫瘍が多かった。低ばく露群では腺がんが多く、低ばく露群と高ばく露群では悪性腫瘍が多く、高ばく露量では腺がんが多く、低ばく露群と中ばく露群では線維腺腫が少なかった。ケージで飼育した非ばく露対照群（ケージ対照群）では、擬似ばく露群と比較して、良性腫瘍も悪性腫瘍も統計的に有意に多かった。ほとんどの観点において、全ての群の中でケージ対照群での腫瘍発生率が一番高く、悪性も一番多かった。ばく露群における結果は明確な量反応関係を示さず、ケージ対照群の反応はばく露群のいずれの反応に比べても同じか、それらよりも強かった。擬似ばく露群と 1 つないし複数のばく露群との間で見ら

れた相違は、ばく露の影響の証拠と解釈し得るが、ケージ対照群の結果
に照らして、また、DMBA で誘導した乳腺腫瘍モデルは結果の変動が
大きいものであることを考えると、これらの群間での相違はむしろ偶発
的なものである、と著者らは結論付けている。

　Tillmann 他（2010）[46] は、携帯電話電波への長期ばく露（UMTS 1966
MHz、SAR＝4.8、48 W/kg、胚・胎児期に開始、20 時間／日、7 日間／週、
24 か月間連続）及びエチルニトロソ尿素（ENU：発がん性物質）が、マ
ウスの腫瘍感受性に及ぼす影響を調べた。その結果、高ばく露群、擬似
ばく露群及びケージ対照群での腫瘍発生率は同等であった。対照的に、
低ばく露 + ENU 処置群では ENU 単独処置群と比較して、肺での腫瘍
及び上皮性がん腫の発生率上昇、ならびに肺での腫瘍の多様性と転移性
腫瘍の数の増加（即ち腫瘍プロモーション作用）が認められた。

　Lerchl 他（2015）[47] は、Tillmann 他（2010）の再現実験として、
Tillmann 他より群当たりの動物数を増やし、ばく露レベルも 2 レベル追
加し、SAR を 0、0.04、0.4、2 W/kg とした。その結果、ばく露群では
擬似ばく露群と比較して、肺と肝臓での腫瘍発生数が有意に多かった。
また、リンパ腫も同様に有意に増加した。但し、明白な量反応関係は認
められなかった。

（2）先行研究の疑問点

　Repacholi 他（1997）の研究では、動物がケージ内で自由に動き回れる
状態でばく露したため、ばく露レベル（SAR）のばらつきが非常に大き
く、ばく露群におけるリンパ腫の発生率の上昇がばく露の影響であるか
どうかを明確にできなかった。その再現実験である Utteridge 他（2002）
及び Oberto 他（2007）の研究では逆に、動物をチューブ内に拘束してい
たことによるストレスの影響を排除できなかった点が指摘されている。

　Hruby 他（2008）の研究では、著者ら自身が指摘しているように、
DMBA で誘導した乳腺腫瘍モデルは結果の変動が大きいものであるこ
とを考えると、これらの群間での相違はむしろ偶然によるものである可
能性がある。

Tillmann 他（2010）及びその再現実験である Lerchl 他（2015）の研究については、オランダ保健評議会（HCN、2014）[48] が、「化学物質によって誘導された肺がんの発生率の上昇が認められたが、適切な対照群がなかった」ことから、「これらは再現が必要な予備的研究である」と見なしている。

（3）米国 NTP 研究

米国の国立衛生研究所（NIH）は、国家毒性プログラム（NTP: National Toxicology Program）の一環として、同国で携帯電話に用いられている電波の発がん性に関する大規模な動物研究を実施した。この研究では、GSM 及び CDMA 方式の携帯電話電波（マウスに対しては周波数 1900 MHz で比吸収率（SAR）が 0、2.5、5、10 W/kg、ラットに対しては 900 MHz で 0、1.5、3、6 W/kg）を、特別に設計されたばく露装置内で、10 分間オン／10 分間オフで 1 日あたり 18 時間（実質的なばく露は 9 時間）、最長 2 年間にわたって全身ばく露し、腫瘍性及び非腫瘍性病変の発生率を調べた。その結果、ラットについては、雄のばく露群において心臓の悪性の神経鞘腫の発生率の有意な上昇が見られたことから、「発がん活性の明確な証拠」が認められ、ラット及びマウスのその他の臓器についても、「発がん活性の何らかの証拠」が認められた、と結論付けられた（NTP 2018a、2018b）[49],[50]。

（4）NTP 研究の疑問点

NTP 研究で用いられた SAR は、一般公衆の全身ばく露に対する米国連邦通信委員会（FCC）のガイドラインにおける最大許容ばく露レベルの 0.08 W/kg（日本の電波防護指針における基礎指針値、ならびに国際非電離放射線防護委員会（ICNIRP: International Commission on Non-Ionizing Radiation Protection）の一般公衆に対するガイドラインと同じ）と比較して非常に高かった。また、NTP 研究では、動物の体温は皮下に移植した RFID マイクロチップで測定したが、この方式ではばく露の最中の温度を測定・記録することはできず、ばく露終了後にばく露装置

を開放し、マイクロチップからデータを読み取っていた。このため、動物に対する熱作用の指標である深部体温の正確な把握は困難であった。実際には、ばく露によって雄ラットに事前の想定（1℃）を超える深部体温の上昇が生じ、これが心臓の神経鞘腫及びその他の病変を増加させた可能性がある。

　また、「明確な証拠」が認められた雄ラットについては、ばく露群よりも擬似ばく露群（ばく露装置に入れて飼育したが、電波にはばく露しなかった比較対照群）の寿命が短かった。これは、ばく露群では擬似ばく露群よりも慢性腎臓疾患が少なかったためかも知れないこと（その理由として、同疾患の素因を持つ同じ母ラットから産まれた仔が擬似ばく露群に偏っていた可能性がある）や、ばく露群では電波ばく露による温熱効果で同疾患が抑えられた可能性が指摘されている [51]。がんは一般的に、年齢に伴って発生率が上昇するので、擬似ばく露群の寿命が短ければ、ばく露群のリスクが見かけ上は高くなる。実際に、雄ラットの擬似ばく露群における心臓の神経鞘腫の発生数はゼロであった。

　携帯電話電波の発がん性の研究を NTP に推薦した、米国の食品医薬品局（FDA）は、NTP 研究の結果について、以下の見解を示している（FDA、2018）[52]。

　「我々は、NTP の研究者らにより実施され、最近最終化された、電波ばく露についての研究をレビューした。我々は、電波にばく露したげっ歯類における発がん活性の『明確な証拠』に関する、彼らの最終報告書の結論には同意しない。NTP 研究では、研究者らは極めて高いレベルの電波への全身に対するげっ歯類のばく露の影響に着目した。これは、この種のハザード同定研究で一般的に行われるものであり、このことは、この研究が携帯電話に対する現行の全身への安全限度よりも相当に高いレベルの電波ばく露を調べたものであることを意味している。これは、動物の組織に対する電波の影響について、我々が既に理解していることに寄与することを意図したものである。実際、動物の組織への影響が認められ始めたのは、電波ばく露について FCC が制定した現行の全身に対する安全限度よりも 50 倍も高いばく露であった。NTP の研究者らは、

今年前半に発表した報告書草案についての声明で、『これらの知見をヒトの携帯電話使用に直接外挿すべきではない』という重要な注記を含めて、この点を繰り返している。我々も、これらの知見をヒトの携帯電話使用に適用すべきではない、ということに同意する。」

ICNIRP（2018）[53] は、NTP 研究の結果について、以下のように指摘している。

「NTP 研究の結果を解釈する際には、深部体温上昇の役割を考慮することが重要である。というのは、ばく露が深部体温を上昇させるのに明らかに充分で、影響は温度上昇によって生じたかも知れないという可能性があるためである。NTP 研究では、ばく露後のインターバルの 1-5 分後に（6 W/kg のばく露条件で）約 0.7 ℃の皮下温度上昇を測定し、この温度はばく露後 10 分以内にベースラインまで低下した。この温度測定に伴う難点は、ベースラインまでの急激な温度低下が、測定の遅れによるばく露中の温度の過小評価を生じさせたことで、測定を実施した時点で温度は既に低下していたかも知れない。NTP 研究では深部体温ではなく表層温度を測定したことと、表層温度は深部体温よりも遥かに急激に低下することから、深部体温が 10 分以内にベースラインに戻ることはなさそうである。よって、表層温度測定は、RF ばく露によるラットの深部体温上昇の指標とはならない。高い深部体温は健康への様々な悪影響につながることが知られていることに鑑みれば、ラットの健康影響についての報告における熱的機序の役割を考察することが重要である。ICNIRP ガイドラインの全身に対する限度は、有意な温度上昇を生じない。」

Q. 1－1－3　細胞研究はどうなっているか？

(1) 発がん性に関する研究

　Vijayalaxmi 他（2000）[54] は、健康な3人のボランティア被験者から採取した抹消血サンプルを、2450 MHz、平均電力密度5 mW/cm^2、計算上の SAR が 2.135 ± 0.005 W/kg のパルス電波に2時間、in vitro（試験管内）でばく露し、直後及び4時間後のリンパ球の DNA 一本鎖切断を調べた。その結果、ばく露群には擬似ばく露群との有意差は認められなかった。

　Vijayalaxmi 他（2001）[55] は、健康な4人のボランティア被験者から採取した抹消血サンプルを、835.62 MHz、平均 SAR が4.4または5.0 W/kg の FDMA 電波に 24 時間、in vitro でばく露した後、48-71 時間培養し、リンパ球の染色体異常及び小核形成を調べた。その結果、ばく露群には擬似ばく露群との有意差は認められなかった。

　Roti Roti 他（2001）[56] は、マウス線維芽細胞（C3H 10T1/2）を、ガンマ線照射で腫瘍性形質転換を誘導した後、835.62 MHz の FDMA 電波、または 847.74 MHz の CDMA 電波にそれぞれ SAR＝0.6 W/kg で in vitro でばく露し、腫瘍性形質転換の発生率を調べた。その結果、ばく露群には擬似ばく露群との有意差は認められなかった。

　McNamee 他（2002）[57] は、培養したヒト白血球細胞を、1.9 GHz、SAR＝0.1、0.26、0.92、2.4、10 W/kg の連続波に2時間、in vitro でばく露し、ばく露直後の DNA 損傷及び小核形成を調べた。その結果、ばく露群には擬似ばく露群との有意差は認められなかった。

　欧州連合（EU、2004）[58] は、「敏感な in vitro 手法を用いた低エネルギー電磁界ばく露による潜在的環境ハザードのリスク評価（通称 REFLEX プロジェクト）」の最終報告を発表した。電波に関する結果の要点は以下の通りである：

　・電波ばく露は、ヒト線維芽細胞、前骨髄球細胞株（HL-60）、ラット顆粒細胞、マウス胚性幹細胞由来の神経始原細胞に遺伝毒性作用を生じる。細胞は、SAR＝0.3-2.0 W/kg の電波ばく露に反応し、DNA 一本鎖／二本鎖切断及び小核頻度が有意に増加した。線維芽細胞に

おける染色体突然変異も観察された。HL-60 では電波ばく露に伴い細胞内に生じるフリーラジカルの増加が明確に示された。

・電波ばく露による DNA 合成、細胞周期、細胞増殖、細胞分化、免疫細胞の機能への明確な影響は見られなかった。電波ばく露による、神経始原細胞における成長の阻害、DNA 損傷誘発遺伝子、神経分化への影響を示唆する徴候が幾つか見られた。

・電波ばく露によるアポトーシス（プログラムされた細胞死）への明確な影響は見られなかった。電波ばく露による神経始原細胞における抗アポトーシス経路、及び、ヒト由来の内皮細胞におけるストレス応答経路（アポトーシスを阻害する作用を生じる可能性がある）への影響を示唆する徴候が幾つか見られた。

・SAR＝1.5 W/kg の電波ばく露による、ニューロン前駆細胞におけるニューロン遺伝子の発現の下方制御、及び、p53 欠損の胚性幹細胞における早発遺伝子の発現の上方制御が見られたが、野生種細胞ではそのような影響はなかった。ヒト内皮細胞系統に関するタンパク質解析では、電波ばく露が様々な不特定のタンパク質（例：細胞のストレス反応の指標である熱ショックタンパク質 hsp27）の発現及びリン酸化を変化させることが示された。タンパク質解析の結果から、電波ばく露は細胞分裂、細胞増殖、細胞分化において役割を担っている複数のグループの遺伝子を活性化させることが示された。

・これらの結果は in vitro 研究で得られたものであり、現行の安全限度以下の電波ばく露がヒトの健康にリスクを生じると結論付けるには適していない。しかし、これらの結果はそうした仮定を可能性の範囲に一層近づけるものである。更に、ヒトや動物の機能障害の進行や何らかの慢性疾患の基となり得る病態生理学的メカニズムが判っていないとの主張は、もはや正当化されない。

Vijayalaxmi 他（2005）[59] は、REFLEX 研究における、GSM 携帯電話電波（1800 MHz、SAR＝2 W/kg）へのばく露により細胞の DNA の一本鎖／二本差切断が生じたとする報告について、以下のように問題点を指

摘している：

- ・REFLEX 研究では、DNA 損傷の代用尺度としてコメット・アッセイ（ゲル電気泳動を用いて個々の細胞内の DNA 損傷を測定する方法。細胞の DNA 断片が彗星（コメット）の尾（テール）のように見えることに由来する。DNA 鎖切断の頻度は、尾の長さと尾に含まれる DNA の量によって決まる）のテール・ファクター（グラフ化した際の明確な差）を用いて、DNA 損傷を視覚的に A から E のカテゴリーに分類している。しかし、A から E のカテゴリー分類の際に、著者らが「客観的」と主張するテール・ファクターを得るため、恣意的な変換係数（A は 2.5 倍、B は 12.5 倍、C は 30 倍、D は 67.5 倍、E は 97.5 倍）を適用している。

- ・この研究に用いられた培養細胞は実験中も成長を続けており、24 時間ばく露の際には通常の細胞増殖サイクルに見られる DNA 複製のプロセスに入っていたであろう。DNA 複製の際には DNA の二重らせんが解かれるが、コメット・アッセイでは DNA が切断されたように見える。このため、本研究の著者らは、これを電磁界ばく露の影響と誤解した可能性がある。

- ・また、アポトーシスを生じた細胞は大量の DNA 断片を生じるので、コメット・アッセイではこれも DNA 損傷であるかのように評価されてしまう。

- ・潜在的な交絡となるこれらの細胞は、カテゴリー E に分類されることになる。これが擬似ばく露群よりもばく露群に 1% 多く存在していた場合、上述の変換係数の適用により、テール・ファクターが 1.0 上昇する。これらの交絡細胞が同定されていないので、テール・ファクターのデータの妥当性には疑問がある。

　Speit 他（2007）[60] は、REFLEX 研究で認められた、電波ばく露による遺伝毒性作用について、同研究と同一条件での再現実験を 3 回実施した。その結果、遺伝毒性作用は再現されなかった。
　Hirose 他（2008）[61] は、2.1425 GHz の W-CDMA 変調電波（SAR＝80、

800 mW/kg）への 6 週間のばく露が、マウス線維芽細胞（BALB/3T3）の腫瘍性形質転換に影響を及ぼすかどうかを調べた。その結果、ばく露群には擬似ばく露群との有意差は認められなかった。

（2）その他の影響に関する研究

De Pomerai 他（2000）[62] は、750 MHz、0.5 W の連続波へのばく露が、線虫（Caenorhabditis elegans、実験用モデル生物の一つ）の熱ショックタンパク質（hsp）の発現に及ぼす影響を調べた（hsp はほとんどの生体において、細胞のタンパク質を損傷させる原因となる熱や毒物等の悪条件により生じ、損傷したタンパク質を修復する機能を有する。つまり、hsp の検出は、その細胞が熱やその他のストレス因子に対して応答していることを意味する）。その結果、ばく露群では擬似ばく露群と比較して hsp 発現の増加が認められた。この著者らは、hsp 誘導が非熱的なメカニズムによるものである可能性を指摘した。

Dawe 他（2006）[63] は、de Pomerai 他（2000）の再現実験を実施したところ、先の結果はばく露装置内の微弱な温度上昇（0.2℃）によるものであることが確認された。これを受けて、de Pomerai 他（2006）[64] は、当該論文（de Pomerai 他、2000）を撤回した。

Joubert 他（2006）[65] は、900 MHz の GSM 携帯電話電波（平均 SAR＝0.25 W/kg）または連続波（SAR＝2 W/kg）への 24 時間ばく露が、ヒト神経芽腫細胞（SH-SY5Y）のアポトーシスに及ぼす影響を調べた。その結果、ばく露群には擬似ばく露群との有意差は認められなかった。

Hirose 他（2007）[66] は、2.1425 GHz の連続波（SAR＝80 mW/kg）及び W-CDMA 変調電波（SAR＝80、800 mW/kg）へのばく露が、ヒト神経膠芽細胞（A172：2、24、48 時間）及びヒト胎児肺由来線維芽細胞（IMR-90：2、28 時間）の hsp27 のリン酸化反応及び過剰発現を生じるかどうかを調べた。その結果、いずれのばく露群にも、擬似ばく露群との有意差は認められなかった。

Hirose 他（2010）[67] は、1950 MHz、SAR＝0.2、0.8、2.0 W/kg の W-CDMA 変調電波へのばく露が、新生仔ラットの脳のミクログリア細

胞における免疫反応関連の分子発現及びサイトカイン（腫瘍壊死因子
（TNF）-α、インターロイキン（IL）-1b 及び IL-6）産生の変化に及ぼす
影響を調べた。その結果、ばく露群には擬似ばく露群との有意差は認め
られなかった。

（3）細胞研究の疑問点

　Vijayalaxmi 他（2012）[68] は、IARC の発がん性分類で電波が「グループ
2B：人に対して発がん性があるかも知れない」に分類されたことに対し、
発がんと遺伝的損傷の増加との間に正の相関があることから、1990-2011
年の期間に査読付き専門誌に公表された電波ばく露とヒト細胞の遺伝的
損傷に関する 88 報の論文をメタ分析した。遺伝的損傷の影響評価項目
（DNA の一本鎖及び二本鎖切断、染色体異常・小体形成・姉妹染色分体
交換の頻度）について、5 つの変数（周波数、SAR、連続波・パルス波お
よび職業ばく露・携帯電話使用、ばく露期間、細胞の種類）の影響を考
慮して分析した。その結果、ばく露群と擬似ばく露群との差は、若干の
例外があるものの小さかった。あるばく露条件では統計的に有意な遺伝
的損傷の増加が観察されたが、それらはサンプルサイズの小さい研究で
あり、一般的に推奨されたばく露方法のガイドラインに準拠した研究で
はより小さな影響しか示されなかった。上述の 5 つの変数以外の要素、
及び出版物の品質が全体的結果に影響していた。最も重要なこととして、
大きなデータベースにおいて、ばく露群および擬似ばく露群での「染色
体異常」、「小核及び姉妹染色分体交換」の平均は自然発生レベル内であ
ったことから、遺伝的損傷に基づくメカニズムの証拠は、IARC のグルー
プ 2B 分類を支持するものではない、と著者らは報告している。

Q.1-2

電波は脳機能に影響するか？

（1）ヒトでの研究

　Haarala 他（2007）[69] は、健康な男性被験者 36 人を対象に、携帯電話電波へのばく露（連続波またはパルス波、902 MHz、平均出力 0.25 W、SAR 最大値 1.18 W/kg、約 90 分間）が視覚認識タスクの遂行能力に及ぼす影響を、左右の脳半球ごとに二重盲検法で調べた。この結果、ばく露条件やばく露した左右の脳半球による遂行能力への影響に有意差は認められなかった。

　Krause 他（2007）[70] は、携帯電話電波へのばく露がヒトの認識作業中の脳活性に及ぼす影響を、左右の脳半球ごとに調べた。健康な男性被験者各 36 人の 2 群（A 群、V 群）を対象に、連続波またはパルス波（902 MHz、平均出力 0.25 W、SAR 最大値 1.18 W/kg、約 54 または 80 分間）にばく露または擬似ばく露させた。A 群には聴覚作業記憶タスクを、V 群には視覚作業記憶タスクを実施させ、その間の脳波を測定した。実験は二重盲検法で、各被験者に対して各条件でのばく露を無作為順に行った。その結果、電波ばく露時には脳波のアルファ波領域（8-12Hz）における控えめな反応が見られたが、この影響は変動幅が大きく、系統的でなく、従来の研究結果と一致しなかった。電波ばく露による行動学的な影響は認められなかった。

　Parazzini 他（2007）[71] は、GSM 携帯電話電波へのばく露による聴覚機能の潜在的変化を評価した。聴力または耳の疾患のない健康な若年成人を対象に、電波ばく露または擬似ばく露の前及び直後に、ばく露された耳での聴覚検査を、二重盲検法によって少なくとも 24 時間の間隔で実施した。聴覚機能の評価項目は、聴力閾値レベル（HTL）、誘発耳音響放射（TEOAE）、歪成分耳音響放射（DPOAE）及び聴性脳幹反応（ABR）とした。片方の耳を、ヘッドフォン経由での典型的な会話レベルの音声に加えて、電波ばく露または擬似ばく露した。電波ばく露には、ソフトウェア制御を施した市販の携帯電話を最大出力で 10 分間用いた。参加者がばく露に影響を与えずに自分の頭を自由に動かせるような携帯電話の位置調整システムを使用した。その結果、聴覚系の主な指標に対する電波ばく露の影響は認められなかった。

　Vecchio 他（2007）[72] は、10 人の健康な被験者を対象に、携帯電話
電波へのばく露（GSM 902.4 MHz、パルス波、45 分間、最大出力 2 W）が、
大脳のリズムの左右の脳半球間における同期に及ぼす影響を調べた。覚
醒した安静状態の被験者の脳電図（デルタ波：約 2-4 Hz、シータ波：約
4-6 Hz、アルファ波 1：約 6-8 Hz、アルファ波 2：約 8-10 Hz、アルファ
波 3：約 10-12 Hz）を測定した。この結果、電波ばく露時には擬似ばく
露時と比較して、前額部及び側頭部におけるアルファ波リズムの半球間
のカップリングに変調が認められた。

　Terao 他（2007）[73] は、10 人の健康な被験者を対象に、携帯電話電
波へのばく露（800 MHz、パルス波、30 分間、最大出力 0.8 W、SAR 平
均値 0.054 W/kg）が眼球の断続性運動（サッカード）の遂行能力に短期
的な影響を及ぼすかどうかを、二重盲検法で調べた。この結果、電波ば
く露時の遂行能力に擬似ばく露時との有意差は認められなかった。

　Inomata-Terada 他（2007）[74] は、携帯電話電波へのばく露（800 MHz、
パルス波、30 分間、最大出力 800 mW、SAR 平均値 0.054 ± 0.02 W/kg）
による脳の運動皮質への短期的な影響を調べるため、10 人の健康な被
験者、及び、高温に対して神経症状を呈する多発性硬化症の患者 2 名を
対象に、経頭蓋磁気刺激（TMS）に対する運動誘発電位を、電波ばく露
の前後で比較した。多発性硬化症の患者については、42℃の温水浴の前
後での運動誘発電位も調べた。この結果、電波ばく露による影響は認め
られなかった。

　Croft 他（2010）[75] は、思春期層及び／または高齢者は、若年成人と
比較して、2G（GSM）及び 3G（W-CDMA）携帯電話電波へのばく露に
関連した生体影響に敏感かどうかを調査した。複数の先行研究で携帯電
話ばく露によって増強されることが報告されている、安静時のアルファ
活性（脳電図の 8-12 Hz 帯）を評価した。13-15 歳の 41 人、19-40 歳の
42 人、55-70 歳の 20 人を、各参加者が少なくとも 4 日間隔で 2G また
は 3G にばく露または擬似ばく露し、二重盲検・クロスオーバーデザイ
ンを用いて検査した。ばく露時にベースラインに対するアルファ活性を
記録し、条件間で比較した。その結果、先行研究と同様に、若年成人の

アルファは 2G ばく露時に偽ばく露よりも高まったが、思春期層または高齢者群では影響は認められなかった。3G ばく露の影響はどの群にも見られなかった。この結果は、若年成人の安静時アルファ活性に対する 2G ばく露の影響について、更なる支持を与えるものであるが、思春期層または高齢者、または 3G ばく露の関数としてのいずれかの年齢群における同様の増強に対する支持は得られなかった、と著者らは結論付けている。

　Parazzini 他（2010）[76] は、UMTS 携帯電話電波が聴覚機能に及ぼす影響を調べた。健康な 73 人（男性 35 人、女性 38 人、平均年齢 22.8±3.8 歳）を対象に、1947 MHz の UMTS 電波を蝸牛の位置での 1 g あたり平均の SAR が最大で 1.75 W/kg とし、20 分間のばく露または擬似ばく露を行った。ばく露の 20 分前と 20 分後に、聴力閾値レベル（HTL）、歪成分耳音響放射（DPOAE）、一過性の誘発耳音響放射（TEOAE）の反対側での抑制、及び聴覚誘発電位（AEP）を、ばく露側の耳で検査した。ばく露から分析まで二重盲検法で実施した。その結果、この比較的高い SAR での UMTS 電波への短時間のばく露は、ヒトの聴覚系に測定可能な直接的影響を及ぼさなかった。

　Byun 他（2013）[77] は、鉛ばく露の影響を考慮した、携帯電話使用と子どもの集中欠陥・多動性障害（ADHD）の症状との関連を調査した。韓国の 10 の市にある 27 の小学校で、合計 2422 人の子どもを調査し、2 年後にフォローアップした。親または保護者にアンケート（ADHD の格付尺度の韓国語版、携帯電話使用ならびに社会人口統計学的要因についての質問を含む）を送付した。その結果、ADHD の症状のリスクは、音声通話についての携帯電話使用に関連していたが、その関連は比較的高い鉛濃度にばく露された子どもに限定的であった。この結果は、鉛と携帯電話使用による電波への同時ばく露が、ADHD の症状のリスク上昇と関連していることを示唆しているが、逆相関（この場合、ADHD の症状を呈する子どもは、そうでない子どもと比較して、直接的な対人関係が苦手なために携帯電話使用（通話だけではなくメールやチャット等を含む）の度合いが強い）の可能性も排除できない、と著者らは結論付け

ている。

　Burch 他（2002）[78] は、携帯電話使用とメラトニン（松果腺で生成されるホルモンで、夜間、網膜に光が当たっていない時に主として放出される。メラトニン濃度の変化が、ヒトと動物における概日リズムを調整する）の代謝産物である 6 - ヒドロキシメラトニン硫酸（6-OHMS）分泌の関連を、電力会社の男性作業員の 2 集団（研究 1：149 人、研究 2：77 人）において調査した。参加者に 3 日間連続で尿試料検査及び就業中の携帯電話使用時間を記録させる一方、光センサを付加した EMDEX II メーターを装着させ、個人の 60 Hz 磁界及び環境中の光ばく露の 24 時間記録を 3 日分取得した。その結果、研究 1 では、1 日あたりの携帯電話使用時間が 25 分以上で 6-OHMS の分泌の変化は認められなかった。研究 2 では、1 日あたりの携帯電話の使用時間が 25 分超の人で、クレアチニン調整した夜間平均 6-OHMS 濃度及び終夜の 6-OHMS 分泌量が、携帯電話非使用者に比べて低下した。携帯電話の使用時間（カテゴリー化）の増加につれて、この低下は大きくなった。

　Abelin 他（2005）[79] は、スイスのシュヴァルツェンブルク地域において、2 つの横断的研究及び 2 つのパネル研究を実施した。各横断的研究では、短波放送局から異なる距離に住む約 400 人の成人に、睡眠障害を含む身体症状及び心理 - 自律神経症状について尋ねた。パネル研究では、放送施設の停止の前後の期間で比較するため、65 人及び 54 人のメラトニン分泌を測定し、日誌によって睡眠の質を評価した。両方の横断的研究では、入眠及び睡眠維持の困難の罹患率は、電波ばく露の増加と共に増加した。睡眠の質は放送局の停波後に改善した。メラトニン分泌の慢性的な変化は認められなかった。著者らは、この研究の結果は短波放送局の運転と周辺住民の睡眠障害との因果関係の強い証拠を示すものであるが、生物学的影響と心理学的影響を区別するには証拠は不十分である、と結論付けている。

　Clark 他（2007）[80] は、電波または 60 Hz 磁界へのばく露がメラトニンを減少させ、エストロゲン産出を増加させるという仮説を検証するため、近隣のラジオ／TV 放送局からの電波の電力密度が高い自治体に住

む女性の各ホルモンの尿中の代謝産物を測定した。年齢 12-81 歳の女性 127 人が調査に参加した。それぞれの女性について、開始日の夜から最終日の朝まで 2.5 日間の調査を行った。各被験者は、参加初日の夜の直後に夜間の尿サンプルを 1 回、二日目の夜のサンプルを最終日の夜に採取した。ラジオ／TV 放送局からの電波ばく露が増大した地域に生活する女性のエストロゲン（E1G）及びメラトニンの代謝産物（6-OHMS）にどのような特徴が認められるかを調べた。電波のスポット測定、個々人の 60 Hz 磁界及び居住環境パラメータを取得した。終夜の尿サンプルから E1G 及び 6-OHMS 分泌量を分析した。その結果、閉経前の女性には、電波または 60 Hz 磁界と E1G または 6-OHMS の分泌量との間に関連性は認められなかった。閉経後の女性には、居住環境での電波ばく露の増加、放送局への近接度及び視認度、60 Hz 磁界ばく露が、E1G 分泌量増加と著しく関連していた。この関連は、終夜の 6-OHMS レベルが低い、閉経後女性において最も強かった。

Singh 他（2015）[81] は、男性軍人から選出した、対照群（非レーダー職種：68 人）、第 1 群（8-12 GHz レーダーばく露：40 人）、第 2 群（12.5-18 GHz レーダーばく露：68 人）について、血漿中のメラトニン及びセロトニンレベルを調べた（採血したのは 155 人）。また、各群を就業年数が 10 年以下及び 10 年超に再分類し、就業年数の影響を調べた。その結果、メラトニンについては、対照群との比較で、第 1 群には有意差は認められなかったが、第 2 群では有意に低かった。セロトニンについては、第 1 群には有意差は認められなかったが、第 2 群では有意に高かった。就業年数が 10 年以上では、どちらのばく露群でも、2 つのインドールアミンに対照群との有意差は認められなかった。就業年数が 10 年超では、第 2 群のメラトニン低下およびセロトニン上昇が有意であった。但し、どちらのばく露群でも、就業年数と 2 つのインドールアミンは有意に相関しなかった、と著者らは報告している。

(2) 動物研究

Salford 他（2003）[82] は、12-26 週齢の雌雄のラット合計 32 匹を 915

MHz の携帯電話電波に全身平均 SAR ＝ 2、20、200 mW/kg（各群 8 匹）で 2 時間連続でばく露し、BBB（Blood Brain Barrier：血液脳関門）の漏洩とそれによる神経細胞の損傷を調べた。その結果、ばく露されたラットの脳の皮質、海馬及び大脳基底核において、神経細胞の損傷の統計的に有意な増加が認められた。

　De Gannes 他（2009）[83] は、Salford 他（2003）の再現実験を、動物の週齢、性別、数、飼育施設、ばく露用の拘束具への慣熟、ばく露条件を良好に制御した上で実施した。14 週齢のラットを、915 MHz の携帯電話電波に全身平均 SAR ＝ 0、0.14、2.0 W/kg で連続 2 時間ばく露または擬似ばく露した（各群 16 匹）。また、8 匹をケージ対照群、10 匹を低温ショックで脳損傷を誘発する陽性対照群（期待される影響を得るために既知の物質を用い、その通りに試験系が機能していることを明らかにするためのもの）とした。その結果、Salford 他（2003）よりも 10 倍高い SAR（2 W/kg）でも、神経細胞の変性、アポトーシス及び BBB の漏洩の統計的に有意な増加は認められなかった。

　Masuda 他（2009）[84] は、Salford 他（2003）の再現実験を、de Gannes 他（2009）と同様に各種条件を良好に制御した上で実施した。12 週齢のラットを、915 MHz の携帯電話電波に全身平均 SAR ＝ 0、0.02、0.2、2.0 W/kg で連続 2 時間ばく露または擬似ばく露した（各群 16 匹）。また、16 匹をケージ対照群とした。その結果、Salford 他（2003）よりも 10 倍高い SAR（2 W/kg）でも、神経細胞の変性及び BBB の漏洩の統計的に有意な増加は認められなかった。

　McQuade 他（2009）[85] は、Salford 他（2003）の再現実験を、de Gannes 他（2009）、Masuda 他（2009）と同様に各種条件を良好に制御した上で実施した。12 週齢のラットを、915 MHz 携帯電話電波に全身平均 SAR ＝ 0、0.0018-20 W/kg で連続 30 分間ばく露または擬似ばく露した（各群 16 匹）。また、16 匹をケージ対照群とした。その結果、Salford 他（2003）よりも 100 倍高い SAR（20 W/kg）でも、神経細胞の変性及び BBB の漏洩の統計的に有意な増加は認められなかった。

　Bakos 他（2003）[86] は、成獣の雄ラットの尿中 6-スルファトキシメラト

ニン（6SM、メラトニンの代謝産物）に対する 900 MHz（電力密度 100 μW/cm^2）及び 1800 MHz（20 μW/cm^2）の GSM 携帯電話電波への 2 時間／日、14 日間のばく露の影響を調べた。毎日正午にばく露を終了し、その後翌朝 8 時までの尿を採集した。ばく露群、擬似ばく露対照群（各 6 匹）の尿の採集は、それぞれ 1 日交代で行った。2 つの周波数で同じ実験を 3 回繰り返し、全部で 72 匹のラットを用いた。同じ周波数で実施した 3 回の実験の結果を統合して統計的に分析した。その結果、900 MHz、1800 MHz のどちらでも、ばく露群（合計 18 匹）と擬似ばく露対照群（合計 18 匹）の 6MS 分泌に有意差は認められなかった。

Sukhotina 他（2006）[87] は、ジャンガリアンハムスターから単離した松果腺においてメラトニン合成を誘導するため、β アドレナリン作動性受容体作動薬イソプロテレノールで刺激したクレブス・リンゲル緩衝液によって灌流し、1800 MHz の連続波（CW）または GSM 変調電波（SAR＝8、80、800、2700 mW/kg）に 7 時間ばく露した。実験は盲検法で実施した。灌流サンプルを毎時間回収し、メラトニン濃縮を放射免疫測定によって測った。その結果、SAR＝800 mW/kg では、CW 及び GSM の両方の信号でメラトニンの放出が有意に高まった。SAR＝2700 mW/kg では、CW でメラトニンレベルが上昇したが、GSM では抑制された。SAR＝2700 mW/kg では温度が約 1.2℃上昇することから、このレベルでの影響は熱によるものである、と著者らは結論付けている。

Lerchl 他（2008）[88] は、成獣の雄のジャンガリアンハムスターを、放射状の導波管システムを用いて、383 MHz（TETRA）、900 及び 1800 MHz（GSM）の電波に、一般公衆の全身ばく露ガイドライン値に相当するレベルで 24 時間／日、60 日間、盲検法でばく露または擬似ばく露した（各 120 匹）。その結果、ばく露終了後に測定した松果体及び血清のメラトニンレベル、ならびにばく露中の 10 日毎に測定した精巣、脳、腎臓、肝臓の重量に、ばく露による影響は見られなかった。

Kesari 他（2011）[89] は、900 MHz の携帯電話電波（SAR＝0.9 W/kg）への 2 時間／日、45 日間のばく露が、ラットの脳内の坑酸化酵素活性等に及ぼす影響を調べた。その結果、坑酸化酵素活性、プロテインキナ

ーゼ C、メラトニン、カスパーゼ 3、クレアチンキナーゼの低下または
上昇、活性酸素種（ROS）の過剰生成などのバイオマーカにおける有意
な影響が認められた。これらは健康上の意味合いがある可能性を示唆す
るものである、と著者らは結論付けている。

　Kesari 他（2012）[90] は、2.45 GHz の電波ばく露（2 時間／日、45 日間、
電力密度 0.21 mW/cm^2、全身平均 SAR の推定値は 0.14 W/kg）がラット
に及ぼす影響を調べた。ばく露期間終了後、松果体と脳組織全体を摘出
し、メラトニン、クレアチンキナーゼ、カスパーゼ 3、カルシウムイオ
ン濃度を評価した。その結果、ばく露群では擬似ばく露群と比較して、
松果体のメラトニン濃度の有意な低下、また、脳組織全体のクレアチン
キナーゼ、カスパーゼ 3、カルシウムイオン濃度の有意な上昇が認めら
れた。電波への慢性ばく露によるメラトニンの減少、あるいはカスパー
ゼ-3、クレアチンキナーゼ、カルシウムイオンの増加は、脳に重大な損
傷を生じるかも知れない、と著者らは結論付けている。

　Jin 他（2013）[91] は、CDMA（849 MHz）および WCDMA（1.95 GHz）
の電波に 45 分間／日、5 日／週、8 週間にわたって同時ばく露したラッ
ト 240 匹（擬似ばく露群（雌雄各 40 匹）、CDMA ばく露群（雌雄各 40 匹、
全身平均 SAR＝4 W/kg）、CDMA+WCDMA ばく露群（雌雄各 40 匹、そ
れぞれ全身平均 SAR＝2 W/kg、合計 4 W/kg））のうち、各群の半数を 4
週間ばく露後、残り半数は 8 週間後に、内分泌系の複数のパラメータを
調べた。その結果、8 週間の同時ばく露において、メラトニン、甲状腺
刺激ホルモン、トリヨードチロニン、チロキシン、副腎皮質刺激ホルモ
ン、性ホルモン（テストステロンおよびエストロゲン）の血中濃度に影
響は見られなかった、と報告している。

　Qin 他（2013）[92] は、成獣の雄ラットの生殖機能の指標に対する
1800 MHz 電波ばく露の影響を、ばく露を与えるタイミング（概日リズ
ム上の時刻 ZT：ZT0 が明期の始まり）を変化させて調べた。ばく露の
開始時刻を ZT0、ZT4、ZT8、ZT12、ZT16、ZT20 とした 6 つのばく露
群と、それぞれの擬似ばく露群は全て各群 6 匹とし、1800 MHz の連続
波（電力密度 205 μW/cm^2、SAR＝0.0405 W/kg）に 2 時間／日、32 日間

連続してばく露または擬似ばく露した。その結果、擬似ばく露群では概日リズム（血中メラトニンレベルで確認）が保たれていたが、ばく露群では概日リズムの崩壊、テストステロンレベルの低下、1日の精子形成能及び精子運動率の低下、精巣マーカ酵素 g-GT 及び ACP の下方制御、チトクローム P450 及びステロイド産生急性調節タンパク質（StAR）の mRNA 発現の変化が観察された。観察された事象はいずれも、ZT0 ばく露群でより顕著であった、と著者らは報告している。

Li 他（2014）[93] は、ラットの認知及びセロトニン作動性受容体に対する電波への長期ばく露（2.856 GHz、平均電力密度 5、10、20、30 mW/cm^2、6 分間ばく露を週 3 回、6 週間）の影響を調べた。その結果、空間の学習と記憶の機能、海馬の形態学的構造、脳電図、神経伝達物質に変化が認められた。トリプトファン加水分解酵素 1（Tph1）及びモノアミン酸化酵素（MAO）が検出された。5-HT 1A、2A、2C を含むセロトニン受容体の発現が見られた、と著者らは報告している。

Cao 他（2015）[94] は、1.8 GHz 電波（電力密度 201.7 μW/cm^2）にばく露したラットにおける概日リズム（メラトニン、グルタチオンペルオキシダーゼ（GSH-Px）、スーパーオキシドジスムターゼ（SOD）の血中濃度）の変化を調べた。ラットは 7 群（各 6 匹）に分け、対照群（擬似ばく露）を除く 6 群は、協調世界時（UTC）の 3 時、7 時、11 時、15 時、19 時、23 時からそれぞれ 2 時間のばく露を毎日 32 日間行った。最終日のばく露終了後から、4 時間ごとに 6 回、全てのラットで採血を行った。その結果、ばく露群のメラトニン、GSH-Px、SOD の概日リズムは、擬似ばく露群よりシフトした。ばく露を 23 時及び 3 時に開始した場合、メラトニン、GSH-Px、SOD のレベルが有意に低下した、と著者らは報告している。

Kim 他（2015）[95] は、915 MHz の RFID 装置への全身ばく露（全身平均 SAR＝4 W/kg、8 時間／日（夜間）、週 5 日間、2 週間）したラットのメラトニン産生及び松果体のアリルアミン N-アセチル転移酵素（AANAT）活性への影響を調べた。RFID ばく露の 24 時間後に採取した尿を測定した結果、ばく露群では擬似ばく露群と比較して、尿中のメラ

トニンとその代謝産物の6-ヒドロキシメラトニン硫酸塩（6-OHMS）の両方が有意に低下した。AANAT については、活性、タンパク質レベル、mRNA 発現がばく露により抑制された、と著者らは報告している。

(3) 脳機能への影響に関する研究の疑問点

　ヒトや動物の脳機能は極めて複雑で、様々な要因による影響を受ける。例えば、日常生活とは異なる研究室で実験を受ける場合、被験者・検体動物に対するストレスの影響が問題となる。また、脳波や睡眠、ホルモンレベル等のパラメータは、日常生活においても変動することが知られており、電波の影響を調べた研究で認められた変化は、この日常的な変動の範囲内に概ね収まっている。このことから、電波ばく露がヒトの脳機能に悪影響を及ぼすとは考えられていない。例えば、SCENIHR（2015）は、「全体として、携帯電話電波がヒトの認識機能に影響を及ぼすという証拠はない。電波によって生じるかも知れない認識機能への影響に着目した研究には、複数のアウトカム指標が含まれていることが多い。個別の研究で影響が認められているものの、それらは一般的には少ないエンドポイントのみで観察されており、研究間に一貫性がほとんどない」と結論付けている（Q.1-7 (3) 参照）。

Q.1-3

電波は子どもの発達に
影響するか？

（1）子どもの発達への影響に関する研究

　子どもや若年層の携帯電話使用の世界的な普及に伴い、電波ばく露が子どもの発達に及ぼす影響に関する関心が高まっている。これまでの研究では、母親の妊娠中の携帯電話使用や、子どもの過度の携帯電話使用による影響を示唆する報告が一部にあるが、電波ばく露による悪影響の証拠は認められておらず、携帯電話を使用すること自体の行動学的影響である可能性が高いとされている。

　Divan 他（2008）[96] は、妊娠中の母親、及び出生後の子どもの携帯電話使用と、その子どもの行動学的問題との関連を調べた。妊娠初期の母親をデンマーク全国出生コホートから集めた。2005-2006 年に子どもが 7 歳に達した際、母親にその時点での子どもの健康と行動、ならびに過去の携帯電話使用に関するアンケートへの回答を求めた。その結果、13159 人の子供の母親が、妊娠中の自身の、及び現在の子どもの携帯電話使用に関するアンケートに回答した。交絡因子を調整後、妊娠中の母親及び出生後の自身による携帯電話使用がどちらもあった子どもにおいて、高いスコアの行動学的問題の OR は 1.80（95% CI＝1.45-2.23）であった。妊娠中の母親の携帯電話使用、及び（若干程度は弱まるものの）出生後の子どもの携帯電話使用と、就学時前後の感情及び多動性等の行動学的問題との関連が認められた。但し、これは因果関係ではなく、今回測定しなかった交絡因子によるものであるかも知れない、と著者らは結論付けている。

　Heinrich 他（2010）[97] は、子ども及び思春期層における携帯電話使用と急性症状との関連に関する調査を実施した。2006-2008 年にドイツにおける人口集団ベースの横断調査（子ども 1484 人、思春期層 1508 人、参加率 52%）において、24 時間のばく露の特徴を取得した。社会人口学的特性、自己申告のばく露量、潜在的な交絡因子等のデータを、個人面談で収集した。症状について日誌を付けてもらい、調査日に 2 回（正午と夕方）症状を評価した。その結果、午前のばく露測定値が上位の 1/4 であった思春期層では、正午における頭痛が統計的に有意に多かった（OR＝1.50、95% CI＝1.03-2.19）。午後のばく露測定値が上位の 1/4 で

あった思春期層では、夕方における苛立ちが統計的に有意に多かった（OR＝1.79、95% CI＝1.23-2.61）。一方、午後のばく露測定値が上位の1/4であった子どもでは、夕方における集中力低下が統計学的に有意に多かった（OR＝1.55、95% CI＝1.02-2.33）。著者らは、これらの結果は2つの時点で一致していないことから、因果関係ではなく、むしろ偶然生じたものだと考えられる、と報告している。

Vrijheid 他（2010）[98] は、2004-2006年の期間に、スペインのサバデルにおける人口集団ベースの出生コホートに基づき、妊娠中の母親の携帯電話使用と、その母親の子どもの神経発達との関連を調査した。妊娠初期（1-12週）に超音波検査のために医療機関を訪れた妊婦1099人に参加を依頼し、同意した657人（60%）について調査を実施した。妊娠後期に環境ばく露に関するアンケート調査を行い、妊娠32週目における母親の携帯電話使用について回答を求めた。質問は2問で、「携帯電話を使用しますか？」と「発着信は1日あたり何回ですか？」であった。回答は587人から得られた。生まれた子どもは、14か月目に神経発達検査を受けた。全ての検査は、母親の付添いの下で、医療機関において、訓練された2名の心理学者（ばく露情報には関知してない）によって実施された。心理発達検査を受けたのは530人であった。その結果、530組の母子のペアにおいて、携帯電話の非使用者は11%であった。1日あたりの母親の通話回数は、1回が31%、2-4回が45%、5回以上が13%であった。母親が携帯電話使用者であった子どもと、母親が非使用者であった子どもの間には、神経発達スコアの僅かな差が認められた。使用者の子どもには、比較的低い精神発達スコアと、比較的低い心理運動系発達スコアが認められた。これには、測定していない交絡因子が影響しているかも知れない、と著者は考察している。使用者の子どもには、使用量に伴う何らかの傾向は認められなかった。妊娠中の母親の携帯電話使用が子どもの早期の神経発達に有害な影響を及ぼすことを示す証拠は認められなかった、と著者らは結論付けている。

Divan 他（2011）[99] は、妊娠中の母親の出産前の携帯電話使用が、その母親の子どもの生後18か月までの発達度と関連するかどうかを、

デンマーク全国出生コホート（DNBC）で調査した。DNBC は 1996-2002 年に妊婦を募集し、子宮内ばく露及び多様な健康影響に関する詳細な情報収集を開始した。2008 年末の時点で、単胎で、生きて産まれた 41000 人以上について、7 歳児に関するアンケートを用いた追跡調査が行われ、妊娠中の母親の携帯電話使用についての情報を収集した。発達度に関する影響の情報は、産後 6 か月目及び 18 か月目に母親に行った電話インタビューから得た。その結果、母親の携帯電話使用についての、6 か月目の運動の発達遅滞の OR は 0.8（95% CI＝0.7-1.0）、認知／言葉の発達遅滞の OR は 0.9（95% CI＝0.8-1.1）で、統計的に有意ではなかった。18 か月目の認知／言葉、運動の発達遅滞の OR は、それぞれ 1.1（95% CI＝0.9-1.3）、0.9（95% CI＝0.8-1.0）で、やはり統計的に有意ではなかった。携帯電話使用に関する量反応関係を検討しても関連は認められなかった、と著者らは報告している。

Baste 他（2015）[100] は、ノルウェーの 10 年間の母子コホート調査（1999-2009 年）の一環で、妊娠中の母親の携帯電話使用と妊娠結果との関連を調べた。妊娠 15 週目の通常の検査である超音波検査の前にそれぞれの妊婦に参加を依頼し、その時点と妊娠 30 週目に携帯電話使用に関する質問を含むアンケート調査を行った。一部の調査期間（2001-2009 年）には、父親にも妊娠 15 週目の時点で同様にアンケート調査を実施した。回答率は 38.7%、コホートには 100730 人の単生児が含まれた。妊娠結果に関する情報は同国の出生登録から取得した。その結果、妊婦の携帯電話使用が高い群および中程度の群では、低い群と比較して、子癇前症のリスクが若干低かった。父親の携帯電話使用時に精巣へのばく露があった群では、頭部及び精巣へのばく露がなかった群と比較して、胎児の周産期死亡リスクのボーダーライン程度の小さな上昇、パートナーの妊娠中の子癇前症リスクの若干の低下が見られた。その他の妊娠結果には携帯電話使用との関連は認められなかった、と著者らは報告している。

Choi 他（2017）[101] は、妊娠中の母親の母胎内で鉛または電波にばく露された生後 36 か月までの子どもの神経発達を、韓国における前向

きコホート研究の母子 1198 組について調べた。妊娠 20 週以下の妊婦に
アンケートを配布し、携帯電話での通話頻度及び通話時間を評価した。
個人ばく露メーターを用いて妊婦 210 人の電波ばく露を 24 時間測定し
た。妊娠中の母親の血中鉛濃度を測定した。その結果、生後 6、12、
24、36 か月の子どもの神経運動発達指標及び精神発達指標には、妊娠
中の母親の携帯電話使用との有意な関連は認められなかった。子宮内で
母親の高い血中鉛濃度にばく露された子どもでは、携帯電話の平均通話
時間の増加と関連して、最長で生後 36 か月まで神経運動発達指標が低
下するリスクが有意に高かった。妊娠中の平均通話時間及び平均通話頻
度と関連して、最長で生後 36 か月まで精神発達指標が低下するリスク
も認められた。全ての被験者でも、あるいは妊娠中の母親の血中鉛濃度
で階層化したグループでも、子どもの神経発達と、個人ばく露メーター
で測定した出生前の電波ばく露との有意な関連は認められなかった、と
著者らは報告している。

　Birks 他（2017）[102] は、妊娠中の母親の携帯電話使用と、その母親
から生まれた子どもの行動学的問題との関連を、母親の携帯電話使用に
ついての前向きデータを含む 3 つのコホートからのデータと、先行研究
のデータを含む 2 つのコホートからのデータとあわせて評価した。デン
マーク（1996-2002 年）、韓国（2006-2011 年）、オランダ（2003-2004 年）、
ノルウェー（2004-2008 年）、スペイン（2003-2008 年）の 5 つのコホート
の母子 83884 組のデータを用いた。母親が報告した妊娠中の通話頻度に
基づき、携帯電話使用を、なし、低、中、高程度に分類した。その結果、
妊娠中の携帯電話使用なしを報告した 38.8% の母親（その大半はデンマ
ークのコホートに含まれる）の子どもには、全体的な行動学的、注意欠
陥・多動性障害（ADHD）または情緒的問題はあまり見られなかった。
母親の携帯電話使用のカテゴリーを通じて、子どもの行動学的問題のリ
スク上昇の傾向が認められた（妊娠中の携帯電話使用なしの母親と比較
して、携帯電話使用が中程度の母親の子どもで OR=1.11、95% CI=1.01-
1.22、携帯電話使用が高程度の母親の子どもで OR=1.28、95% CI=1.12-
1.48）。この関連は、コホート間でも、また前向きコホートと後ろ向き

コホートでもある程度一貫していた。著者らは、妊娠中の携帯電話使用は子どもの行動学的問題、特にADHDのリスク上昇と関連しているかも知れない、と結論付けている。但し、調整されていない交絡因子が母親の携帯電話使用と子どもの行動学的問題の両方に影響力を及ぼしているかも知れないので、これらの結果の解釈は不明である、としている。

　Guxens 他（2018）[103] は、異なる発生源からの電波ばく露及びデジタルデバイスの画面視聴時間と、5歳児の感情的及び行動学的問題との関連を、オランダの子ども3102人を対象とした横断的研究で調べた。携帯電話基地局からの住居での電波ばく露を、地理空間電波伝播モデルで推定した。屋内の電波発生源の存在（コードレス電話親機、Wi-Fi、子どもの携帯電話及びコードレス電話での通話、画面視聴時間［コンピュータ／ビデオゲーム、TV］）を母親が報告した。子どもの感情的及び行動学的問題について、教師（n=2617）及び母親（n=3019）からそれぞれアンケートで回答を得た。その結果、携帯電話及びコードレス電話での通話と、感情的及び行動学的問題との関連は認められなかった。基地局からのより高いレベルの電波にばく露された子どもは、母親が報告した感情的症状のオッズが高かった（OR=1.82、95% CI=1.07-3.09）。自宅にコードレス電話がある子どもは、教師が報告した社会的行動の問題（OR=0.68、95% CI=0.48-0.97）及び母親が報告した友達関係の問題（OR=0.61、95% CI=0.39-0.96）のORが低かった。TVを1.5時間／日以上視聴していた子どもは、母親が報告した多動性／不注意のオッズが高かった（OR=3.13、95% CI=1.43-6.82）。頭部への高い電波ばく露につながる携帯電話及びコードレス電話での通話は、5歳児の感情的及び行動学的問題とは関連していなかった。電波ばく露にほとんど寄与しない基地局及び屋内発生源からの電波ばく露、ならびにTV視聴は、いずれも特定の感情的及び行動学的問題と関連していたが、これは主に母親の報告によるものであった。但し、その他の交絡因子や逆因果関係の可能性は否定できない、と著者らは結論付けている。

(2) 子どもの発達への影響に関する研究の疑問点

　子どもの発達への影響に関する研究では、主に母親の妊娠中及び出産後、ならびに子どもの携帯電話の使用頻度と、その子どもの行動学的問題等との関連を調査している。妊娠中に携帯電話を多頻度使用していた母親は、出産後も同様の習慣を継続する傾向があり、このことは乳幼児期の子どもとのスキンシップの機会を低減させることにつながる可能性がある。結果的に、情緒発達期の子どもが母親から愛されていないと感じ、これが後々の行動学的問題等に悪影響を及ぼしたと考えられる。つまり、この種の影響は、携帯電話からの電波ばく露ではなく母親の携帯電話の使用習慣によるものであると考えるのが妥当である。

Q.1-4

電波は生殖系に影響するか？

（1）生殖系への影響に関する研究

Hancı 他（2013）[104] は、900 MHz 電波への出生前ばく露が 21 日齢の仔ラットの精巣に及ぼす影響を調べた。健康な妊娠中の雌ラット（6-8週齢、体重 180-250 g）を対照群及びばく露群（各 10 匹）に割付け、各群から生まれた雄の仔ラット（各 10 匹）の精巣を 21 日齢で検査した。ばく露群には、妊娠 13-21 日の間、ケージ内に取り付けた半波長ダイポールアンテナからの電波に 1 時間／日ばく露した。その結果、ばく露群の母獣から生まれた仔ラット群では、精細管の基底膜と上皮細胞層の不整、精巣上体腔での未熟な生殖細胞、精細管の直径と上皮厚さの低下が認められた。また、ばく露群の仔ラットの方が、対照群の仔ラットより、アポトーシス指標、脂質過酸化、DNA の酸化が高かった。

Liu 他（2013）[105] は、マウスの精母細胞由来の GC-2 細胞株を、通話モードの GSM 携帯電話電波（1800 MHz、SAR＝1、2 または 4 W/kg）に 24 時間間欠ばく露（5 分間オン、10 分間オフ）した。その結果、コメット・アッセイでは、SAR＝4 W/kg で DNA 断片の移動の有意な増加が認められた。フローサイトメトリ分析では、4 W/kg での DNA 付加体 8-オキソグアニン（8-oxoG）のレベル増加も示された。これらの増加は、活性酸素種（ROS）生成の同様の増加を伴っていた。これらの現象は、抗酸化物質 α-トコフェロールの同時投与によって緩和された。但し、アルカリ・コメットアッセイでは、検出可能な DNA 鎖切断は観察されなかった。これらの知見は、DNA 鎖切断の直接的な誘導にはエネルギーが不充分な電波が、雄の生殖細胞における DNA 基の酸化損傷を通じて、遺伝毒性を生じるかも知れないという、新たな可能性を暗示しているかも知れない、と著者らは結論付けている。

Shahin 他（2014）[106] は、12 週齢のマウスを非熱的な低レベルの電波（2.45 GHz、連続波、電力密度＝0.029812 mW/cm^2、SAR＝0.018 W/Kg）で 2 時間／日、30 日間ばく露し、精子計数および精子生存率を調べた。また、様々なストレスパラメータも調べた。その結果、電波ばく露は精子数と精子生存率を著しく低下させ、精細管の直径の減少および精細管の退化を引き起こした。これらの生殖機能への悪影響は、慢性的

な電波ばく露が、フリーラジカルを介した経路で不妊を引き起こす可能
性があることを示唆している、と著者らは結論付けている。

　Adams 他（2014）[107] は、携帯電話電波へのばく露がヒトの精子の質
に影響を及ぼすかどうかを判断するため、系統的レビュー及びメタ分析
を実施した。参加者は妊娠クリニック及び研究センターで募集した。精
子の質の指標として、運動性、生育能、濃度を調べた。メタ分析では、
1492 例のサンプルを含む 10 報の研究を用いた。その結果、携帯電話へ
のばく露は、精子の運動性の低下（平均差 -8.1%（95% CI = -13.1 ～ -3.2））
及び生育能（平均差 -9.1%（95% CI = -18.4 ～ -0.2））と関連していたが、
濃度への影響はより曖昧であった。この結果は in vitro 実験研究と in
vivo 観察研究で一貫していた。In vitro 及び in vivo 研究からプールした
結果は、携帯電話ばく露が精子の質に悪影響を及ぼすことを示唆してい
る、と著者らは結論付けている。

　Liu 他（2014）[108] は、携帯電話電波が生殖系に及ぼすかも知れない
有害な健康影響についての先行研究の体系的レビュー及びメタ分析を実
施した。2013 年 5 月までに発表された関連する研究を、5 つの主要な国
際的および中国語の文献データベースから同定した。合計でヒト 3947
人及びラット 186 匹が含まれる 18 報の研究を体系的レビューの対象と
した。そのうち、ヒト 1533 人とラット 97 匹が含まれる 12 報の研究（ヒ
ト研究 4 報、in vitro 研究 4 報及び動物研究 4 報）をメタ分析した。体系
的レビューの結果、大半のヒト研究および in vitro 研究において、携帯
電話使用または電波ばく露は各種の精液パラメータに負の影響を及ぼす
ことが示された。但し、ヒト研究のメタ分析では、携帯電話使用は精液
パラメータに悪影響を及ぼさないことが示された。In vitro 研究のメタ
分析では、電波は精子の運動性と生存率に有害影響を及ぼすことが示さ
れた。動物研究のメタ分析では、電波ばく露は精子の濃度及び運動性に
有害な影響を及ぼすことが示された。

(2) 生殖系への影響に関する研究の疑問点

　電波の生殖系への影響に関する研究のうち、ヒト研究では、主に不妊

クリニックを受診している男性を対象に、精子の質（精子の数、形状、運動性等）と、各種の生活様式（携帯電話使用や携帯電話を保持する部位を含む）についての問診による回答との関連を調査している。そうした調査では、そもそも被験者が不妊であり、その原因の一つとして携帯電話電波を認識している場合、問診への回答にバイアスが生じる可能性がある（例えば、携帯電話の使用頻度や、携帯電話をズボンの前ポケットに保持する頻度が高いと回答する）。しかし、男性の生殖能力は一般的に、様々な生活様式（例えば、喫煙、飲酒、睡眠不足、過労、各種の心身的ストレス）に影響される。また、携帯電話からの電波ばく露ではなく、携帯電話の業務上または個人的趣味（ゲーム、チャット、SNS・ウェブサイト閲覧等）での過度な使用が、睡眠不足やストレスを生じることもある。こうしたことから、問診に基づく研究については、電波ばく露以外の影響を排除することが困難であり、その結果の解釈には注意を要する。

　雄の生殖能力への影響を報告している動物研究については、ばく露条件が適切でないものが散見される。例えば、市販の携帯電話を待ち受け状態にして飼育ケージの上または下に置いて動物をばく露するといった安易な研究もある。

Q.1-5

電波はいわゆる
「電磁過敏症」を起こすか？

携帯電話や基地局、Wi-Fi からの電波ばく露によるものとされる、頭痛やめまい、睡眠障害、記憶障害等の各種の非特異的症状を訴える人々がいる。こうした症状はしばしば「電磁過敏症（または電磁波過敏症、EHS: Electromagnetic hypersensitivity）」と呼ばれる。症状を訴える人々（EHS 自訴者）を対象とした実験研究では、電波にばく露されているかどうかを知らせない（盲検化）条件で、ばく露されていると思うかどうか、症状を感じるかどうかを質問したところ、一般の（症状を訴えない）人々と比較して、ばく露の有無を正確に認識することができなかった。また、ばく露の有無にかかわらず、自身が「ばく露されている」と感じている場合に症状を多く訴えることが示されている。このことから、電波ばく露によって悪影響が生じるという信念が非特異的な症状を誘発する「ノセボ効果」（薬効成分を含まない「プラセボ（偽薬）」であっても、効き目があると思い込むことで、病気の症状が改善することがある。これは「プラセボ効果」と呼ばれるが、「ノセボ効果」はその逆の効果をいう）が指摘されている。

　オランダ応用科学研究機構（TNO）（Zwamborn 他、2003）[109] は、GSM（954 MHz、1840 MHz）及び UMTS（2140 MHz）携帯電話基地局からの電波ばく露（1 V/m）が、EHS 自訴者群（男性 11 人、女性 25 人、年齢 31-74 歳）及び対照群（男性 22 人、女性 14 人、年齢 18-72 歳）の安寧及び認識機能に及ぼす影響を二重盲検法で調べた。その結果、UMTS 電波ばく露時の両群の安寧について、統計的に有意な影響が認められた。但し、その度合いは小さく、著者らは「この結果の解釈には極めて慎重を期すべきである」としている。

　Regel 他（2006）[110] は、TNO 研究（Zwamborn 他、2003）の信頼性の確認のため、EHS 自訴者群 33 人と、年齢、性別、居住地で自訴者群とマッチングした過敏でない対照群 84 人について、UMTS 携帯電話基地局電波（1 V/m 及び 10 V/m）へのばく露が、安寧及び認識機能に及ぼす影響を二重盲検法で調べた。その結果、いずれのばく露条件でも、安寧への影響は認められなかった。但し、ばく露条件とは無関係に、EHS 自訴者群は一般的な健康上の問題をより多く報告した。また両群とも、

偶然によって期待されるよりも正確に電波ばく露を感知することはできなかった。但し、EHS 自訴者群はいずれのばく露条件でも、ばく露強度を「強い」と感じた。認識機能に対する一貫した影響は認められなかった。

　Hutter 他（2006）[111] は、オーストリアの都市部及び農村部にある 10 か所の携帯電話基地局の周辺住民 365 人を対象に、寝室での電力密度を測定すると共に、自覚症状（頭痛、倦怠感、集中困難等）、睡眠の質、及び、実験室での複数の認識試験の成績を調べた。その結果、電力密度の測定値は最大で 4.1 mW/cm^2、平均では都市部で 0.02 mW/cm^2、農村部で 0.05 mW/cm^2 であった。電力密度の測定値と、幾つかの自覚症状との間に有意な相関が認められ、これは頭痛について最も顕著であった。睡眠の質への有意な影響は認められなかった。認識試験における回答速度の上昇及び回答精度の低下との有意ではない関連が認められた。著者らは、低レベルの電波ばく露による作用のメカニズムは不明であるとしている。

　Coggon（2006）[112] は、Hutter 他（2006）の研究について、寝室での電力密度の測定が短期間であり、時間的な変化を捉えることができなかったことや、被験者は 1 日の大半の時間を自宅以外で過ごしており、自宅以外でのばく露は自宅とは大きく異なること、更に重要な点として、この研究では多くの自覚症状を調べたため、その幾つかについて認められた電力密度との関連は、単に偶然によって見つかった可能性を指摘している。

　EHS 自訴者が経験する症状は、自身がばく露されていると信じている場合、実際のばく露の有無　とは無関係に生じる傾向があることが、多数の誘発実験で認められている（Wilen 他（2006）[113]、Rubin 他（2006）[114]、Eltiti 他（2007）[115]、Oftedal 他（2007）[116]、Hillert 他（2008）[117]、Leitgeb 他（2008）[118]、Furubayashi 他（2009）[119]、Szemerszky 他（2010）[120]、Wallace 他（2010）[121]）。これは、心理学的要因、即ちノセボ効果が EHS の症状のトリガになり得ることを示す強い証拠である、とされている。

Eltiti 他（2018）[122] は、EHS 自訴者の症状の存在がノセボ効果と関連しているかどうかについて、2 報の二重盲検誘発研究からのデータを、基地局を模擬した電波が「オン」または「オフ」であると確信しているかどうかについての参加者の判定に基づいて再分析した。実験 1 では、参加者が GSM 及び UMTS 携帯電話基地局からの電波にばく露または擬似ばく露された場合のデータを調べた。実験 2 では、参加者が地上基盤無線システム（TETRA：警察や消防等の公共サービス用無線の一種）基地局からの電波にばく露または擬似ばく露された場合のデータを調べた。その結果、EHS 自訴者は、基地局電波が「オン」であると信じていた場合に、「オフ」の場合と比較して、一貫して有意に低いレベルの安寧状態を報告することを示していた。興味深いこととして、対照群、即ち EHS 自訴者でない参加者も、基地局電波が「オン」であると信じていた場合に、「オフ」の場合と比較して、より多くの症状と、より高い症状の重症度を報告した。これらの結果から、EHS 自訴者とそうでない対照の参加者における症状の存在は、ノセボ効果によって合理的に説明できる、と著者らは結論付けている。

Q.1-6

電波は動物や昆虫などの
生命活動に影響するか？

Bruderer 他（1994）[123] は、短波（3-30 MHz）無線アンテナの指向性ビーム内で放されたハト（試験群）と、同じ場所でアンテナが停波時に放されたハト（対照群）の帰巣の特性を調べた。その結果、試験群（122試行）と対照群（114試行）で、帰巣成功率には違いがなかった（試験群84％、対照群88％）。帰巣に向けて最初にとる方向と巣の方向とのずれの大きさ、及び、ずれが修正されるまでの時間に有意差が認められた（試験群5分25秒、対照群5分6秒）、と著者らは報告している。

Balmori（2005）[124] は、携帯電話基地局からの電波がシュバシコウ（ヨーロッパコウノトリ）の繁殖に影響を及ぼすかどうかを調べるため、スペインのヴァリャドリードで基地局の近くでの個体数を調査した。その結果、基地局から200 m 以内の巣では繁殖率が 0.86±0.16、300 m 以遠の巣では 1.6 ± 0.14 と、統計的有意差が認められた。200 m 以内の巣で雛が孵化しなかったのは 12 個（40％）であったが、300 m 以遠の巣では 1 個（3.3％）のみであった。電界強度の測定値は、200 m 以内の巣では 2.36 ± 0.82 V/m、300 m 以遠の巣では 0.53±0.82 V/m であった。これらの結果は、基地局からの電波がシュバシコウの繁殖に影響を及ぼしうることを示すものである、と著者らは結論付けている。

Balmori 他（2007）[125] は、携帯電話基地局からの電波がイエスズメの個体数の減少と関連しているかどうかについて、スペインのヴァリャドリードの 30 地点で 2002 年 10 月 -2006 年 5 月まで実地調査を 40 回実施した。各地点でスズメの数を数え、1 MHz-3 GHz の周波数範囲の電界強度の平均値を測定した。その結果、時間の経過に伴い、鳥の密度の平均値の有意な減少が認められた。これは電界強度が高い地点で特に顕著であった。

Everaert 他（2007）[126] は、携帯電話基地局からの電波への長期ばく露が繁殖期のイエスズメの数に影響するかどうかを、ベルギーの住宅地 6 地域 150 地点で調査した。各地点で雄のイエスズメの数を数え、900及び 1800 MHz 周波数帯の個別及び合計の電界強度の細かい地理上の変化を測定した。その結果、イエスズメの雄の数と周波数帯個別の及び合計の電界強度との間に、非常に密接な反比例関係が認められた。この関

係は各地域で極めて似通っていた。

　Taye 他（2017）[127] は、携帯電話基地局からの電波がミツバチの採餌行動に及ぼす影響を、インドのアッサム農業大学において 2012-2013 年及び 2013-2014 年の 12-5 月に 15 日間のインターバルで調べた。その結果、働きバチの採餌行動は、基地局から 500 m の距離で最多、次いで 1000 m、300 m、200 m で、100 m では最も少なかった。この結果から、携帯電話基地局の近傍にあるミツバチの巣が電波に最も影響されることが明らかになった、と著者らは結論付けている。

　これらの研究では、携帯電話基地局からの電波以外の要因（交絡因子）、例えば都市化、交通由来の騒音や排ガス、天敵の存在等が考慮されていない。このため、これらの論文の信憑性が低いと考えられる。

　また、学術専門誌に掲載された論文ではないが、一般向けの雑誌等に、「携帯電話基地局の周辺で奇形植物が見つかった」とする記事が散見される。しかし、こうした記事では、上述の交絡因子について考察していない。また、基地局の立地の前後や、基地局から離れた場所との比較も行っていない。そもそも、植物は動物とは異なり、環境中の様々なストレス要因にさらされても逃げることができず、それらによって容易に影響を受ける。例えば、一般に流通している野菜や果物は、輸送や店舗での陳列の効率のために大きさや形態が規格化されているので、都市生活者はそれらが正常と思うかもしれないが、産地直販店などでは、一般の店舗ではまず見かけないような大きさや形態のものが、食品としての品質的には何ら問題なく普通に販売されている。

Q.1-7

光に近い電波の影響は？

(1) ミリ波、テラヘルツ波

　周波数が μ 波より高く光より低い電波は、一般的にミリ波、テラヘルツ（THz）波と呼ばれる（図 2-1）。標準的な周波数の定義はミリ波で（30GHz～300GHz）[128] であるが、THz 波については 100GHz～10THz[129] や 300GHz～3THz（Submillimeter/ Decimillimetric waves [130] とも呼ばれる）など組織等による違いが見られる。なお 300GHz から 400THz（可視光線の赤色）までを赤外線と定義する場合には THz 波はその一部である（極遠赤外線と呼ばれる [131]）。

　既に多くのミリ波（20/30/40/60/70/140GHz 帯など）が通信やレーダーなどに応用されている。また、大量の情報の伝送に向いていることから無線通信への利用が急速に進みつつある。なお THz 波と光の境界領域にある赤外線はリモコン（300THz 帯）や暖房器具（15THz～）など身近なばく露源として古くから存在している。

(2) 影響に関する研究

　1990 年代以降、10GHz～600GHz の周波数帯に広く分布して、数百件の研究論文が確認される。動物・細胞・ボランティア（ヒト）実験が 90％以上、残りは微生物、昆虫、植物実験などである。遺伝子影響、細胞増減、組織影響、精神作用、医療効果などが主な研究目的である。他に強いばく露の加熱効果に関して多くの研究報告がある。同様の研究目的の論文において、影響有りの数の割合が全ての項目について 70% 程度である。複数の機関の解説記事 [132], [133] は、共通して「（非熱影響有りの）データの信頼性及び再現性は極めて低く、ミリ波がヒトの健康に及ぼす有害な影響は示されていない」としている。しかしデータの科学的分析や未検討の研究（熱ショックタンパク影響など）がある [133] ことから、更なる検討は必要と考えられる。なお、μ 波ばく露に関しこれまで蓄積された膨大な論文とは、研究背景・リソースなどに違いがあることを考慮すべきである（第 1 部「概説」に記述した出版バイアスを参照されたい）。WHO はミリ波を使う 5G について、「国際的な防護指針以下に留まる限り、公衆衛生上何ら問題は生じないと予測される」との

見解を示している [134]。

　次に、関連の知見からの推定を述べる。ポイントは、①体内侵入は 25GHz でも 1mm 程度（Q.2-2-3 (7)）であり、皮膚、角膜での熱作用（熱感など）が基本的影響となる [132], [135]。15THz 以上の遠赤外線の皮膚照射による熱感・刺激に関し多くの実験データ [136] があり、また 30THz 以上では暖房として 200mW/cm^2 といった強い照射を日常的に経験している。また、直射日光の赤外線（300THz 付近）の強度は約 50mW/cm^2 であり、遺伝子影響などの議論は報告されない。THz 帯ばく露との類似性が推定される。②水蒸気共振（22GHz, 183GHz, 323GHz）の影響や酸素共振（60GHz, 119GHz）の影響（ヘモグロビン酸欠）を懸念する主張がある。共振により吸収された電磁波エネルギーは分子の運動エネルギーを増加させるが、防護指針以下であれば吸収部の温度を僅かに上昇する可能性はあるものの酸欠を起こすことはない。また様々な高分子の共振は殆どが赤外線や光での現象（特性吸収帯）である。従って、ミリ波、THz 波に生体に作用するような特別な周波数があるとは考えにくい。③自然界や暖房用の赤外線は、ばらばらの波動（disturbance（Q.2-2-2 (2) 参照））であって、通信に利用するような位相の整った（コヒーレントな）波動ではない。コヒーレント波は disturbance と違い、ばく露面での波長サイズの局所的な電力集中を生じる場合がある。照射電力束密度が同様であってもコヒーレントなミリ波や THz 波の皮膚ばく露において熱感の閾値が低くなる可能性がある。このことを考慮しても総合的なばく露量が国際的なガイドライン（ICNIRP、IEEE）を下回っていれば、公衆衛生への影響はないと予想される [134]。なお、国際的なガイドラインは、影響が起こりうる閾値に安全係数をかけて導出されている。

Q.1-8

電波の健康影響に関する
公的機関の評価は
どのようなものか？

上述のように、電波ばく露によって生じるかも知れない健康への悪影響に関しては、これまでに世界中で多数の研究が実施されてきている。そうした研究で蓄積された知見に基づき、各国の保健当局及び国際的な専門機関による評価が行われている。以下にその主な例を紹介する。

（1）世界保健機関（WHO）

　1990 年代以降、我が国をはじめ世界中で、電磁界を利用する機器、とりわけ携帯電話のように人体近傍で電波を発する機器の普及が爆発的に増加した。これに伴い、電磁界ばく露によって健康影響が生じる可能性について、人々の関心が高まった。こうした状況に対処するため、WHO は 1996 年、0 Hz-300 GHz の電磁界の健康リスク評価を目的とする「国際電磁界プロジェクト（The International EMF Project）」を発足させた。WHO では、化学物質や重金属等の各種の健康及び環境リスク因子についても同様のリスク評価を実施しており、その成果を「環境保健クライテリア」（EHC）として取りまとめている。電磁界については、同プロジェクトの下で、静電磁界（0 Hz）及び低周波（ELF：>0 Hz-100 kHz）に関する EHC を、それぞれ 2006 年及び 2007 年に刊行している。

　電波（RF）については、1993 年に現行版 EHC（対象は 300 Hz-300 GHz）を刊行しており、現在その更新作業中である（対象は 100 kHz-300 GHz）。

　電波の健康影響に関しては、WHO は 2006 年に発表した「ファクトシート No.304　電磁界と公衆衛生：基地局及び無線ネットワーク」[137] において、次のように述べている。

　基地局およびローカル無線ネットワークのアンテナに共通する懸念は、RF 信号への全身ばく露がもたらすかも知れない長期的な健康影響の可能性に関するものです。これまでのところ、科学的レビューで同定された、RF 電磁界による唯一の健康影響は、特定の産業設備（RF ヒータ等）においてのみ見られる非常に高い電磁界強度へのばく露による体温の上昇（＞1 ℃）に関するものです。基地局および無線ネットワークからの RF ばく露のレベルは非常に低いため、それによる温度上昇は

微々たるものであり、人の健康に影響を及ぼしません。

（中略）

　がん：携帯電話基地局の周辺地域におけるがんのクラスタ（集積）に関してメディアおよび逸話的な報告があったため、公衆の懸念が高まりました。がんはどの人口集団においても、地理的に一様ではなく分布することに留意しましょう。基地局が環境中に広く分布していることを考慮すれば、単なる偶然によってがんのクラスタが基地局の周辺地域に生じる可能性は予想されます。その上、これらのクラスタにおいて報告されたがんは、共通する特性を持たない多様な種類のがんの寄せ集めであることが多く、共通の病因があることはなさそうです。

　人口集団におけるがんの分布に関する科学的証拠は、慎重に計画され実施された疫学研究によって得ることができます。過去 15 年間にわたって、RF 送信機とがんの関連の可能性を調べた研究が幾つか公表されています。これらの研究は、送信機からの RF ばく露ががんのリスクを上昇させる証拠を提供していません。同様に、長期的な動物研究は、基地局および無線ネットワークによって生じるレベルより高いレベルにおいてさえ、RF 電磁界へのばく露によるがんのリスク上昇を確立していません。

　その他の影響：基地局からの RF 電磁界にばく露された人々における一般的な健康影響を調べた研究は少数です。その理由は、基地局から放射された非常に弱い信号による健康影響の可能性を環境中のより強い他の RF 信号による影響と区別することが困難なためです。大部分の研究は携帯電話の使用者の RF ばく露に焦点を当てています。ヒトおよび動物での研究で、携帯電話が発生するような RF 電磁界へのばく露後の、脳波パターン、認知、行動が調べられましたが、有害な影響は同定されていません。これらの研究に用いられた RF ばく露レベルは、一般公衆が基地局または無線ネットワークから受けるばく露のレベルより 1000 倍程度高いものでした。睡眠や心臓血管系機能の変化に関して一貫性のある証拠は報告されていません。

　一部の人々は、基地局やその他の電磁界機器から放射される RF 電磁

界にばく露された状態において非特異的な症状を経験すると報告します。最近のWHOのファクトシート「電磁過敏症」で認められたように、電磁界がそのような症状を引き起こすことは証明されていません。そうではあっても、そのような症状に苦しむ人々の窮状を認識することは重要です。

　これまでに蓄積された全ての証拠から、基地局からのRF信号によって健康に有害な短期的または長期的影響が起きることは証明されていません。一般的に、無線ネットワークからのRF信号レベルは基地局よりもさらに低いため、無線ネットワークへのばく露により健康への有害な影響はないと思われます。これまでに蓄積された全ての証拠から、基地局からのRF信号によって健康に有害な短期的または長期的影響が起きることは証明されていません。一般的に、無線ネットワークからのRF信号レベルは基地局よりもさらに低いため、無線ネットワークへのばく露により健康への有害な影響はないと思われます。

　（中略）

　結論：非常に低いばく露レベル、及び今日までに集められた研究結果を考慮した結果、基地局及び無線ネットワークからの弱いRF信号が健康に有害な影響を起こすという説得力のある科学的証拠はありません。

(2) 国際がん研究機関（IARC）

　WHOによる電磁界の健康リスク評価の一環として、WHOの専門機関である国際がん研究機関（IARC）が2011年に、電波の発がん性評価のための専門家会合を開催した。この会合では、携帯電話の長期間の使用と脳腫瘍のリスク上昇との関連についての疫学研究（特に、前述のINTERPHONE Study（2010；2011）及びHardell他（2011））、ならびに、電波ばく露と腫瘍増加との関連についての動物実験（特に、前述のRepacholi他（1997）及びHruby他（2008））について、いずれも「限定的な証拠あり」と評価され、最終的に電波は「発がん性があるかも知れない（グループ2B）」と分類された [138]。

　但し、このIARCの分類について、WHOは2014年に発表した「ファ

クトシート No.193 電磁界と公衆衛生：携帯電話」[139] において、次のように述べている。

> IARC は、RF には「ヒトに対して発がん性があるかもしれない」（グループ 2B）に分類しました。このカテゴリーは、因果関係は信頼できると考えられるが、偶然、バイアス、または交絡因子を根拠ある確信を持って排除できない場合に用いられます。

　また、IARC は 2014 年に発表した「世界がん報告 2014」[140] と題する報告書の中で、RF（電波）のがんリスクについて次のように述べている。

> 　RF 電磁界は「ヒトに対して発がん性があるかも知れない（グループ 2B)」に分類された。携帯電話使用とがんについての症例対照研究は、携帯電話のヘビーユーザーにおける神経膠腫及び聴神経鞘腫のリスク上昇を報告している。携帯電話加入者についてのデンマーク全土での大規模コホート研究は、脳腫瘍のリスクとの関連を示さなかった。そのようなリスク上昇は、相互に関連する 13 か国での一連の症例対照研究 INTERPHONE で示唆され、そこでは神経膠腫及び聴神経鞘腫について 40% のリスクが、携帯電話の最もヘビーなユーザーである 10% の人々に限定的に観察された。自己申告を用いたことによる不正確さとバイアスの証拠を含む複数の要因が、これらの研究による因果関係の確立を妨げた。北欧諸国及び米国をベースとする神経膠腫の発症率における時間的傾向は、ばく露の開始から比較的短い期間を参照しているとは言え、携帯電話使用に帰せられる発症率の大幅上昇を排除している。携帯電話使用とその他のがんとの関連は観察されなかった。RF 電磁界への職業ばく露についての複数の研究は、一貫した関連を示していない。TV、ラジオ、軍用無線、ならびに携帯電話ネットワークを含む、トランスミッタからの環境ばく露に関しては、個人の厳密なばく露評価を有する高品質の研究がないことから、証拠は不充分である。小児がんと高出力 TV 及び／またはラジオトランスミッタによって生じる界についての幾

つかの大規模研究は、一貫性がないか、関連なしを報告している。中間周波の範囲の電磁界については入手可能なデータはほとんどない。

(3) 欧州連合 (EU)

　欧州委員会(欧州連合の行政執行機関)の保健・食品安全総局(DG Sante：保健省に相当)に対する科学諮問委員会の一つである「新興・新規同定された健康リスクに関する科学委員会(SCENIHR)」は、電磁界の健康影響に関する最新知見を定常的にレビューしている。SCENIHRは2015年に発表した「電磁界ばく露の潜在的健康影響に関する意見書」(SCENIHR、2015)において、次のように述べている。

　全体として、当該調査期間中に発表された、携帯電話から発せられる電波へのばく露についての疫学研究は、脳腫瘍のリスク上昇を示していない。更に、頭頸部のその他のがんについてもリスク上昇を示していない。携帯電話のヘビーユーザーにおける神経膠腫及び聴神経鞘腫のリスク上昇に関する疑問を提起した研究が幾つかある。コホート研究及び発生率の時間的傾向についての研究の結果は、神経膠腫についてのリスク上昇を支持していないものの、聴神経鞘腫との関連の可能性については依然として未解明である。疫学研究は、小児がんを含むその他の悪性疾患についてのリスク上昇を示していない。

　覚醒時及び睡眠時の脳電図(EEG)研究によって反映されているような、携帯電話電波ばく露が脳の活動に影響を及ぼし得るという初期に示された証拠は、最近の研究でも見受けられる。

　全体として、携帯電話電波がヒトの認識機能に影響を及ぼすという証拠はない。電波によって生じるかも知れない認識機能への影響に着目した研究には、複数のアウトカム指標が含まれていることが多い。個別の研究で影響が認められているものの、それらは一般的には少ないエンドポイントのみで観察されており、研究間に一貫性がほとんどない。

　電波ばく露が原因とされている各種症状(いわゆる「電磁過敏症」)は、時として個人の生活の質に深刻な障害を生じることがある。但し、

当該調査期間中に発表された研究は、電波ばく露はこれらの症状と因果的につながっていないという結論に重みを増している。電波への短期ばく露（数分から数時間の単位で測定される）がトリガとなる症状については、複数の二重盲検実験からの一貫した結果が、そのような影響は電波ばく露によって生じないという強い証拠の重みを与えている。より長期のばく露（数日から数か月の単位で測定される）に関する症状については、観察研究からの結果は概ね一貫していて、因果的影響に反している。但し、主にばく露の客観的なモニタリングに関してギャップがある。

　神経学的疾患及び症状についてのヒト研究は明確な影響を示していないが、証拠は限定的である。

　従来の意見書は、非熱的なばく露レベルの電波からの生殖及び発達への悪影響はないと結論付けていた。より最近のヒト及び動物でのデータを含めても、この評価に変更はない。子どもの発達と行動学的問題についてのヒト研究には、相反する結果と手法上の限界がある。ゆえに、影響の証拠は弱い。妊娠中の母親の携帯電話使用からの胎児のばく露の影響は、胎児のばく露が非常に低いため、ありそうにない。男性の生殖能力についての研究は質が低く、証拠をほとんど提示していない。

(4) 国際非電離放射線防護委員会（ICNIRP）

　ICNIRP は 2018 年、100 kHz-300 GHz の周波数範囲のガイドライン改定版の意見聴取用草案を発表した（ICNIRP、2018a）[141]。この草案における限度値導出の基本的な手順は、1）健康影響閾値の同定、2）低減係数の適用による基本制限（basic restrictions）の導出、3）適用がより容易な防護手段の提示のための参考レベル（reference levels）の導出、の 3 段階で構成されている。健康影響閾値は、WHO が 2014 年に発表した「RFに関する環境保健クライテリア（EHC）」の意見聴取用草案、SCENIHR（2015）の「電磁界ばく露の潜在的健康影響に関する意見書」（前述）、及びその後に発表された細胞研究から疫学までの広範な関連論文の精査に基づいて同定している。同草案では精査の結果として、「電波ががん等の疾病を生じる証拠はなく、確立されている作用のメカニズム（即ち熱

作用）による影響以外に電波が健康を害するという証拠もない」と結論付けている。

（5）総務省
　総務省は平成 27 年（2015 年）に刊行した「生体電磁環境に関する検討会　第一次報告書」[142] において、次のように述べている。

> 　電波ばく露による熱作用・刺激作用以外の未知の作用による人体への影響については、これまで 60 年以上にわたり国内外で研究されてきた。その結果、これまでのところ、国際的なガイドラインの指針値より弱い電波ばく露条件においては、熱作用・刺激作用以外の作用が存在することを示す確かな科学的証拠は見つかっていない。

　また、「生体電磁環境に関する検討会」の下に設置された「先進的な無線システムに関するワーキンググループ」は平成 30 年（2018 年）、報告書案「先進的な無線システムに関する電波防護について」[143] において、次のように述べている。

> 　現時点までの研究を総括しても、その見解を変える必要はないと考えられる。

（6）米国食品医薬品局（FDA）
　米国食品医薬品局（FDA）は、ウェブサイト「携帯電話は健康ハザードをもたらすのですか？」[144] において、次のように述べている。

> 　多くの人々が、携帯電話電波ががんまたはその他の深刻な健康ハザードを生じることを懸念しています。
> 　携帯電話は低レベルの無線周波（RF）エネルギーを発します。科学者らは過去 15 年以上にわたり、携帯電話から発せられる RF エネルギーの生物学的影響に着目した数百件の研究を実施してきました。RF エネ

ルギーに関連した生物学的変化を報告している研究者もいるものの、そ
れらの研究は再現されていません。発表されている大多数の研究は、携
帯電話からの RF ばく露と健康問題との関連を示すことができていませ
ん。

　使用中の携帯電話から発せられる低レベルの RF はマイクロ波の周波
数範囲です。携帯電話はスタンバイモードでは、RF を発する時間間隔
を大幅に低減します。高レベルの RF は（組織の加熱によって）健康影
響を生じさせることができますが、低レベルの RF ばく露は熱作用を生
じることはなく、既知の健康への悪影響を生じることはありません。

　RF エネルギーの生物学的影響を、他の種類の電磁エネルギーによる
影響と混同すべきではありません。

　エックス線やガンマ線について見られるような、非常に高いレベルの
電磁エネルギーは、生体組織を電離させることができます。電離とは、
原子や分子の内部の電子を通常の位置から引きはがすプロセスです。電
離は、DNA を含む生体組織に永続的な損傷を生じさせることができます。

　電波やマイクロ波を含む RF エネルギーに関連したエネルギーレベル
は、原子や分子を電離させるほど強くはありません。つまり、RF エネ
ルギーは非電離放射線の一種です。他の種類の非電離放射線には、可視
光、赤外線（熱）及びその他の比較的低い周波数の電磁放射が含まれま
す。

　RF エネルギーは粒子を電離させることはありませんが、強ければ体
温を上昇させ、組織を損傷することができます。身体の二つの部位、即
ち眼と精巣は、過剰な熱を排出する血流量が比較的少ないため、RF の
熱に特に脆弱です。

（7）カナダ保健省

　カナダ保健省（Health Canada）は、ウェブサイト「携帯電話及び携帯
電話タワーの安全性」[145] において、次のように述べている。

　　携帯電話の長期／ヘビーユーザーにおいて脳腫瘍の発生率の上昇を示

した疫学研究が少数あります。携帯電話ユーザーについての他の疫学研究、実験室研究、動物のがんについての研究では、この関連は支持されていません。

国際がん研究機関（IARC）は 2011 年、RF エネルギーを「ヒトに対して発がん性があるかも知れない」と分類しました。RF エネルギーについての IARC の分類は、RF エネルギーはがんについてのリスク要因かも知れない、という限定的な証拠が一部に存在することを反映しています。但し、今日までの大多数の科学研究は、RF エネルギーばく露とヒトのがんとのつながりを支持していません。現時点で、RF エネルギーばく露とがんリスクとの間にあるかも知れないつながりについての証拠は、決定的というには程遠く、この「あるかも知れない」つながりを明確にするには、更なる研究が必要です。カナダ保健省は、この分野での更なる研究が是認されるという点で、WHO 及び IARC と一致しています。

携帯電話からの RF エネルギーは確認された健康リスクをもたらさないものの、携帯電話使用は完全にゼロリスクではありません。研究では以下のことが示されています。

・携帯電話やその他のワイヤレスデバイスの使用は阻害要因となり得ます。自動車運転中、歩行中、自転車運転中、またはその他の安全のために集中力を要するアクティビティ中にこれらのデバイスを使用すると、重傷を負うリスクを高める恐れがあります。

・携帯電話は心臓ペースメーカー、除細動器、補聴器等の医用機器に干渉する恐れがあります。

・携帯電話は、航空機の無線やナビゲーションシステム等のその他の敏感な電子機器に干渉する恐れがあります。

携帯電話タワーに関しては、ばく露が保健省のガイドラインに準拠している限り、公衆に対して危険であると見なす科学的理由はありません。

（8）オーストラリア放射線防護・原子力安全庁（ARPANSA）

オーストラリア放射線防護・原子力安全庁（ARPANSA）は 2015 年、電波を含む非電離放射線に関する一連のファクトシート（FS）を発表し

た。電波に関連するものは、「携帯電話と健康」[146]、「携帯電話基地局
と健康」[147]、「Wi-Fi と健康」[148]、「電磁過敏症」[149] である。これ
らの FS の内容は以下の通りである。

携帯電話と健康

　携帯電話の使用が何らかの健康影響を生じるという確立された科学的
証拠はありません。但し、携帯電話のヘビーユーズと脳のがんとの弱い
関連を示す研究が幾つかあります。

はじめに

　ハンドヘルド携帯電話は通信業界を一変させました。これらのデバイ
スは、ほとんどどこからでも通話やインターネット接続に用いることが
できます。携帯電話端末は、基地局との通信のため、無線周波（RF）電
磁エネルギー（EME）を発する低電力の無線トランスミッタを用いてい
ます。携帯電話を使用する際に脳がばく露される、RF 放射のレベルが
有する潜在的な健康影響、特に脳のがんについて懸念が生じています。

携帯電話使用は何らかの健康影響を生じるのですか？

　携帯電話が潜在的な健康リスクを生じるかどうかについて、これまで
に多数の研究が実施されています。ARPANSA や、世界保健機関（WHO）
を含む、その他の国及び国際的な保健当局の評価は、携帯電話使用が何
らかの健康影響を生じるという確立された科学的証拠はない、というも
のです。但し、有害性の可能性を完全に排除することはできません。

　携帯電話から発せられる RF EME によって生じる僅かな生物学的影
響が、幾つかの科学研究で報告されているものの、これらの影響が健康
への悪い結果につながるという確立された証拠はありません。疫学的な
（人口集団の研究の）証拠は、携帯電話使用が人々に病気を生じるとい
う、明確な、または一貫した結果を示していません。携帯電話やコード
レス電話のヘビーユーズと脳のがんとの関連を示す研究が幾つかありま
す。国際がん研究機関は、主にこの限定的な証拠に基づいて、RF 電磁

界を「ヒトに対して発がん性があるかも知れない」と分類しました。より厳格な長期的研究が WHO によってコーディネートされており、オーストラリアはこの研究プログラムに参加しています。

オーストラリアでは携帯電話は規制されていますか？

　オーストラリアで市販されている全ての携帯電話は、オーストラリア通信・メディア庁（ACMA）の規制要件を満たさなければなりません。ACMA の規制は、携帯電話のようなワイヤレスデバイスに対し、ARPANSA の RF 基準におけるばく露限度に適合することを要求しています。ARPANSA の基準は、RF EME ばく露からの全ての既知の健康への悪影響から、全ての年齢と健康状態の人々を防護するためにデザインされています。ARPANSA の基準は、有害な影響が生じるレベルを示す科学的研究に基づいており、その有害なレベルよりも充分に低い、国際的なガイドラインに基づき、限度値を制定しています。

　ARPANSA の基準は、携帯電話端末からの RF EME に対するばく露限度を、携帯電話ユーザーが吸収するエネルギーの比率である比吸収率（SAR）で示しています。ARPANSA の基準では、携帯電話端末についての SAR 限度は組織 1 kg あたり 2 W です。携帯電話端末の製造者は通常、最大 SAR の情報を、オーストラリアで発表される新型の携帯電話の取扱説明書、または同梱された個別の冊子に記載しています。

RF EME へのばく露を低減できますか？

　現在入手可能な科学的研究は、携帯電話使用が有害な健康影響と関連しているということを示していませんが、もし懸念するなら、ばく露を大幅に低減できる方法があります。

　ばく露を低減する最も効果的な方法は、携帯電話とユーザーとの間隔を大きくすることです。このことは、ハンズフリーキットまたはスピーカーモードを使用することで達成できます。電話をベルトに取り付ける、またはポケットに入れる場合、ユーザーは、身体からの間隔に関する製造者の助言に注意を払うべきです。携帯電話からの RF EME ばく露を

低減するためにできるその他の方法には以下のものがあります。
　　・通常の固定電話が利用できる場合には携帯電話を使わない
　　・音声通話の代わりにテキストメッセージを送信する
　　・通話時間を制限する
　　・受信感度が良好な場所で発信する
　現在、携帯電話ユーザーを RF EME 放射から防護するとうたった多くの防護デバイスが市販されています。健康を理由にそのようなデバイスの使用を正当化することはできず、日常的な使用におけるばく露低減の効果は証明されていないことから、科学的証拠は、そのようなデバイスの必要性を示していません。

子どもは携帯電話を使用できますか?
　子どもによる携帯電話使用に関しても懸念が示されています。今のところ、子どもは成人よりも携帯電話からの RF EME 放射に対して脆弱かも知れない、という仮説を立証する充分な科学的証拠はありません。
　保護者は子どもに対して、子どもの個人的なセキュリティや、子どもと常に連絡が取れるようにしておくといったことを含む、様々な理由で携帯電話を与えることが認められています。
　子どもの長期的な携帯電話の使用に関する充分なデータがないことから、保護者は子どもに対し、通話時間を減らす、受信感度が良好な場所で発信する、ハンズフリー装置やスピーカーモードを使う、またはテキストメッセージを使うことで、自分たちのばく露を低減するよう奨励することが推奨されます。

コードレス電話についてはどうですか?
　コードレス電話は、比較的短距離に信号を送信する低電力のデバイスから、携帯電話と同様の出力電力を有するものまであります。端末とドッキング・クレードルはどちらも無線送信デバイスです。携帯電話と同様に、有害性の可能性は排除できないものの、証拠の重みは、コードレス電話の使用が健康ハザードを生じるということを示唆していません。

結論

　携帯電話の使用が何らかの健康影響を生じるという確立された科学的証拠はありません。但し、小さなリスクの可能性は排除できません。健康影響について懸念する人々に対し、ARPANSA はばく露を最小化するための方法について助言しています。科学的証拠がないことから、ARPANSA は保護者に対し、このファクトシートに示したようなばく露低減策を使うことを子どもに奨励するように推奨しています。

　ARPANSA は、正確で最新の助言を提示するため、携帯電話及びその他のデバイスからの RF EME 放射の潜在的健康影響についての研究のレビューを継続します。

携帯電話基地局と健康

　現行の研究に基づけば、携帯電話基地局アンテナからの低い RF EME ばく露に帰結できる何らかの確立された健康影響はありません。

はじめに

　オーストラリアの人口集中地域ではどこでも、タワーや建物に携帯電話基地局アンテナがあります。これらのアンテナは携帯電話ネットワークの一部で、低レベルの無線周波（RF）電磁エネルギー（EME）を発しています。本ファクトシートは、基地局アンテナからの RF EME へのばく露から生じる健康への悪影響の懸念についての情報を提示しています。

携帯電話ネットワークはどのように動作しているのですか？

　携帯電話から発信されると、そのアンテナと近くの基地局のアンテナとの間に RF 信号が送信されます。その後、通話はネットワークを通じて目的の電話に接続されます。基地局アンテナは広いカバレージを確保するため、物理的障害がない高さと場所に配置しなければなりません。

　携帯電話使用が多い地域では、モバイルネットワークのカバレージが既にある地域であっても、サービス品質を維持するため、更なる基地局

が必要となります。そうしない場合、モバイルネットワークは適切に動作しなくなり、その結果、携帯電話ユーザーはネットワークに接続できなくなるかも知れません。

オーストラリアでは基地局は規制されていますか？
　携帯電話基地局及びその他の通信設備からの RF EME 放射は、オーストラリア通信・メディア庁（ACMA）によって規制されています。ACMA の規制は、携帯電話基地局に対し、ARPANSA の RF 基準におけるばく露限度に適合することを要求しています。ARPANSA の基準は、RF EME ばく露からの全ての既知の健康への悪影響から、全ての年齢と健康状態の人々を防護するためにデザインされています。ARPANSA の基準は、有害な影響が生じるレベルを示す科学的研究に基づいており、その有害なレベルよりも充分に低い、国際的なガイドラインに基づき、限度値を制定しています。
　ACMA はまた、基地局の計画立案、設置、アップグレードの際、通信事業者が地方自治体に情報を提供し、協議することを要求する、産業界の実務規範を順守することも求めています。

基地局から人々がばく露される RF EME はどれくらいですか？
　基地局からの RF EME ばく露の最大レベルは、設置された装置の詳細から計算できます。その計算は、通信会社によって提供された ARPANSA の EME 報告、「無線周波全国サイトアーカイヴ」のウェブサイト www.rfnsa.com.au で入手可能です。基地局サイトは、郵便番号または町を検索することで見つけられます。
　基地局から公衆への EME ばく露は一般的に、ARPANSA の RF 基準における限度よりも数百倍低いです。

基地局は何らかの健康影響を生じるのですか？
　ARPANSA や世界保健機関を含む世界中の保健当局が、基地局から生じるかも知れない健康影響に関する科学的証拠を調査しています。これ

までの研究は、携帯電話基地局アンテナからの RF EME への低ばく露による確立された健康影響はないことを示しています。

結論

　携帯電話基地局にあるアンテナから発せられる RF EME への連続ばく露からの健康への悪影響は何ら予想されません。

　ARPANSA は、正確で最新の助言を提示するため、携帯電話基地局及びその他の発生源からの RF EME 放射の潜在的健康影響についての研究のレビューを継続します。

Wi-Fi と健康

　Wi-Fi からの低い RF EME への低いばく露が子どもや一般公衆の健康に悪影響を及ぼすという、確立された科学的証拠はありません。

はじめに

　Wi-Fi の利用が近年急激に増加しています。この技術の利用を通じて、電子デバイスは電波、または無線周波（RF）電磁エネルギー（EME）を使ってコンピュータ・ネットワークにワイヤレス接続され、それによってネットワーク・ケーブルの必要性を排除または削減しています。一般的な例は、家庭の Wi-Fi モデムを使ってインターネットに接続されたノート PC です。Wi-Fi アクセスポイントは学校や多くの公共エリアでも見つけることができます。Wi-Fi が利用可能な環境中の人々は、コンピュータ上のネットワークを使用する際に時々、またアクセスポイントからも、低レベルの RF EME にばく露されます。家庭、学校及びその他の場所での Wi-Fi からの RF EME 放射に関する潜在的な健康影響について、公衆の懸念が幾らかあります。

オーストラリアでは Wi-Fi は規制されていますか？

　Wi-Fi 及びその他の通信用のワイヤレスデバイスからの RF EME 放射は、オーストラリア通信・メディア庁（ACMA）によって規制されてい

ます。ACMA の規制は、ワイヤレスデバイスに対し、ARPANSA の RF 基準におけるばく露限度に適合することを要求しています。

　ARPANSA の基準は、RF EME ばく露からの全ての既知の健康への悪影響から、全ての年齢と健康状態の人々を防護するためにデザインされています。ARPANSA の基準は、有害な影響が生じるレベルを示す科学的研究に基づいており、その有害なレベルよりも充分に低い、国際的なガイドラインに基づき、限度値を制定しています。

Wi-Fi は何らかの健康影響を生じるのですか？

　ARPANSA や、世界保健機関（WHO）を含む、その他の国及び国際的な保健当局の評価は、現行のばく露限度以下では健康への悪影響についての確立された科学的証拠はない、というものです。

　Wi-FI デバイス及びアクセスポイントは低電力で、一般的に 0.1 W（100 mW）です。測定調査では、学校での Wi-Fi からの RF EME ばく露は、ARPANSA の基準で規定されている公衆ばく露に対する限度よりも遥かに低いと予想されています。

Wi-Fi へのばく露を低減できますか？

　Wi-Fi の RF ばく露からの健康への悪影響についての確立された科学的証拠はありません。但し、もしご自身のばく露低減を望むなら、以下によってそれができます：

　　・Wi-Fi 装置からの距離を大きくする
　　・Wi-Fi 装置を使用する時間を減らす

ARPANSA の助言はどのようなものですか？

　現行の科学的情報に基づき、ARPANSA は、学校及びその他の場所で Wi-Fi の使用を続けるべきではないとする理由はないと見なしています。但し、ARPANSA は、Wi-Fi 及びその他のワイヤレスデバイスからの RF EME へのばく露が一部の保護者にとって懸念となり得ることを認識しています。ARPANSA は、正確で最新の助言を提示するため、携帯電話

基地局及びその他の発生源からの RF EME 放射の潜在的健康影響についての研究のレビューを継続します。

電磁過敏症

科学的証拠は、EHS の症状が低レベルの電磁界へのばく露によって生じるということを確立していません。

電磁過敏症とは何ですか？

低レベルの電磁界ばく露を原因と考える広範な不特定の健康問題を報告する人々がいます。最も一般的に報告される症状には、頭痛、身体の痛み、無気力、耳鳴り、吐き気、灼熱感、不整脈、不安があります。これらの症状の集まりは、医学的に認定された何らかの症候群の一部ではありません。

この推定される電磁界への過敏症は「電磁過敏症」または EHS と呼ばれ、医学的文献では「電磁界を原因と考える環境不耐症（IEI-EMF）」としても知られています。

EHS に関連する症状は低レベル電磁界へのばく露によって生じるのですか？

影響を受ける人々にとって、その症状は実際のものであり、不自由にする影響がありますが、EHS には明確な診断基準がなく、科学はこれまでのところ、電磁界ばく露がその原因であるという証拠を提示していません。

これまでに発表された科学的研究の大多数は、管理された実験条件下では、EHS の人々は EHS でない人々よりも正確に電磁界発生源の存在を検出できないということを見出しています。複数の研究は、ノセボ効果、即ち、あるものが有害であるという信念による悪影響を示しています。

この症状は、屋内空気質の悪さ、過剰な騒音、蛍光灯のちらつき、画像表示端末（VDU）の眩しさといった、電磁界とは無関係の環境因子のせいかも知れないということが示唆されています。

ARPANSA の助言はどのようなものですか?

　現行の科学的情報に基づけば、ばく露ガイドラインよりも低いレベル
の電磁界によって EHS が生じるという確立された科学的証拠はありま
せん。ARPANSA は、影響を受けている人々が経験している健康症状は
実際のもので、不自由にする問題であることを認識しており、影響を受
けている人々には、資格のある医学専門家からの医学的助言を求めるよ
うに助言しています。

　ARPANSA は、正確で最新の助言を提示するため、電磁界へのばく露
の潜在的健康影響についての研究のレビューを継続します。

(9) 英国公衆衛生庁 (PHE)

　英国公衆衛生庁 (PHE) はウェブサイト「電波:携帯電話からのばく
露低減」[150] において、次のように述べている。

　PHE が推奨する国際ガイドラインは、国民全体に対して防護を提供
しています。但し、科学における不確かさから、特にばく露低減のため
に単純な対策を講じることができる携帯電話等の発生源について、若干
の追加的なレベルのプレコーションが是認されます。

　携帯電話からのばく露低減のための対策は「携帯電話についての独立
専門家グループ」が推奨しており、PHE は政府が受け入れたこの推奨を
引き継いでいます。その主な助言は以下の通りです。

　子どもの携帯電話の過剰使用をやめさせること

　成人は、ばく露低減を望むならば、情報を与えられた上で、それにつ
いて自身で選択できるようにすること

　ばく露低減のために講じることができる対策には以下のものがありま
す。

　・テキストメッセージを送信する際のように、身体から携帯電話を離
　　すと、頭部にあてがう場合よりもばく露は大幅に低下します

　・古い 2G モードではなく 3G 送信モードを用いると、ばく露はより
　　低下します

・ハンズフリーキットを用いること、通話を短くすること、ネットワーク信号が強い場所で通話すること、製造者が示す SAR が低い携帯電話を選ぶこと

ワイヤレス通信可能なノート PC や自治体の送信アンテナ等の身体から遠く離れたデバイスからのばく露は、携帯電話からのばく露よりも遥に低いことから、PHE は、自治体や個人がそのようなばく露を低減するための対策を講じる必要はない、と考えています。

（10）オランダ保健評議会（HCN）

　オランダ保健評議会（HCN）の電磁界委員会は 2016 年、「携帯電話とがん（その 3）：疫学及び動物研究からの最新情報及び全体的な結論」と題する報告書 [151] を公表した。この報告書は、「携帯電話とがん（その 1）：頭部における腫瘍の疫学」（2013 年）及び「携帯電話とがん（その 2）：発がん性についての動物研究」（2014 年）の結論、ならびに、その後に発表された当該分野の研究をレビューしたものである。

　この報告書の要点は以下の通りである。

なぜこの報告書か？

　モバイル通信、ワイヤレス・インターネットアクセス及びその他の発生源の急激な増加により、RF 電磁界へのばく露は過去数十年間で大きく変化している。このことは、そのようなばく露によって生じる可能性のある健康への悪影響についての懸念を増加させている。IARC は 2012 年、RF 電磁界を「ヒトに対して発がん性があるかも知れない」と分類した。この分類は主に疫学データに基づいており、動物研究からの追加的な支援もあった。

　HCN の電磁界委員会は、疫学及び実験データの両方について、事前に定義したプロトコルを用いて、研究の科学的な質を考慮して系統的レビューを実施した。疫学データの分析は 2013 年の報告書で公表している。実験動物における発がん性についてのデータの分析は 2014 年に公表している。今回の報告書は、これら 2 つの先行報告書を更新するとと

もに、先行報告書で述べた全てのデータに基づく本委員会の全体的な結論を提示するものである。

　疫学的証拠は、携帯電話からの RF 電磁界ばく露と、脳及びその他の各種の頭頸部の組織（例：髄膜、聴神経、耳下腺）における腫瘍との関連の兆候について探求した。その他の RF ばく露の発生源ならびにその他のがんを調査した研究は、本報告書では考察していない。動物の発がん研究は広範にわたるので、可能性のある全てのがん、ならびに RF ばく露単独及び発がん因子との共ばく露を含めた。

何が観察されてきたか？

　疫学データは全体として、長期間の及び強度の携帯電話使用と、神経膠腫（脳腫瘍）及び聴神経鞘腫（聴神経の腫瘍）との関連についての弱い兆候を幾つか示している。これらの知見には生物学的もっともらしさに欠ける場合もある。例えば、短期間の使用後にリスク上昇を示した研究もあり、それらは問題とされる腫瘍の進行が長期間にわたることと矛盾する。別の研究では、腫瘍の件数の増加が最も高いばく露レベルでは認められず、より低いばく露レベルで認められた。これも予想とは対照的である。更に、関連する腫瘍の発生率についてのオランダ及びその他の世界中の国々からのデータは、因果関係に対する支持を与えていない。髄膜腫、下垂体腫瘍及び耳下腺腫については、携帯電話使用との関連の兆候は認められていない。

　動物研究では、RF 電磁界ばく露による腫瘍の誘導についての証拠は示されていない。そのようなばく露には腫瘍の進行に対するプロモーション作用はあるかも知れないが、これについての兆候は弱く、非常に特異な動物モデル 1 つでしか認められていない。

全体的な結論は？

　本委員会は、疫学データ及び実験データを併せて検討し、結論を案出した。本委員会は、長期的で頻繁な携帯電話使用と、ヒトの脳及び頭頸部の腫瘍のリスク上昇との間には、証明された関連があると述べること

はできない、と感じている。証拠の強さに基づけば、そのような関連は排除できない、ということしか結論付けられない。本委員会は、携帯電話使用に関連した RF 電磁界ばく露ががんを生じることはありそうにないと考える。動物のデータはプロモーション作用の可能性を示しているが、このことが、一部の疫学研究で認められている脳及び頭頸部での腫瘍のリスク上昇を説明できるかどうかは不明である。本委員会は、バイアス、交絡及び偶然が、疫学での観察を説明できるかも知れないということの方が、より可能性が高いと感じている。

ばく露を制限する理由はあるか？

上述の結論から、ばく露低減のための対策に価値があるかどうかは不明である、ということになる。それでも本委員会は、ALARA 原則の適用という従来の推奨事項を繰り返したい。このことは、ばく露を「合理的に達成可能な限り低く（As Low As Reasonably Achievable）」すべきであることを意味する。例えば、適切な接続に必要とされるより大きい電力で、あるいはより長期間送信するデバイスは不要である。このことは、保健評議会の諮問報告「慎重なるプレコーション（Prudent precaution）」から示唆されるものと完全に一致する。

更なる研究は必要か？

ヒトでの長期的な影響についての情報は依然として限定的である。疫学研究には追跡期間が 13 年を超えるものもあるが、全体として最も高いばく露カテゴリーの被験者は少ない。関連する腫瘍の潜伏期間はより長い可能性が高い。このため本委員会は、より決定的なヒトでの証拠を示すため、携帯電話使用の健康影響を評価している進行中のコホート研究を継続することが重要であると考える。現在入手可能な全ての研究で、ばく露の特徴付けは極めて貧相である。ゆえに、進行中の及び今後の研究に、より正確で客観的な RF ばく露評価を盛り込むことが極めて重要である。使用パターンの進化と、新たなモバイル通信デバイスの使用により、個人の RF ばく露は変化し続けているので、このことは更に重要である。

(11) スウェーデン放射線防護局（SSM）

　スウェーデン放射線防護局（SSM）の電磁界委員会は 2016 年、「電磁界と健康リスクについての最近の研究：電磁界についての科学評議会からの第 11 次報告」と題する報告書 [152] を発表した。この報告書は、2014 年 10 月から 2015 年 9 月までの 1 年間に発表された、超低周波、中間周波及び RF 電磁界（電波）の健康影響に関する研究をレビュー対象としている。また、この報告書では、SSM とその前身である放射線防護庁（SSI）による当該分野の研究の 13 年間のモニタを通じた傾向も概観している。

　この報告書のうち、電波に関する要点は以下の通りである。

　過去 10 年間における研究の大半は、携帯電話使用と脳腫瘍との間に生じ得る関連について実施されてきた。疫学研究は、頻繁で長期的な携帯電話使用と神経膠腫（脳組織の悪性腫瘍）及び前庭神経鞘腫（聴神経鞘腫とも呼ばれる、耳と脳内部をつなぐ内耳神経の良性腫瘍）との関連について、弱い兆候を示している。但し、この証拠はあまり明確ではなく、曖昧である。全体として、15 年程度までの携帯電話使用について疫学が提示しているリスクの兆候は、全くないか、あってもせいぜいで僅かなものである。より長期間の使用についての経験的データは得られていない；但し、スウェーデン及びその他の国々におけるがん発生率は、今世紀初めに始まった携帯電話の劇的な使用に帰結できるような上昇を示していない。培養細胞を用いた少数の研究からは、RF 電磁界が腫瘍をイニシエートする能力があるという兆候はない。様々な腫瘍タイプと長期間（しばしば生涯にわたる）ばく露を用いた多くの動物研究が実施されてきた。極少数の例外を除けば、腫瘍の成長と進行に対する RF ばく露の影響は認められていない。

　ヒトの脳の活動に対する RF ばく露の影響についての研究は大半が、特にばく露後及びばく露中の睡眠時に変化を見出してきた。但し、その影響は完全には一致しておらず、特に覚醒時に観察された影響はさまざまである。これらの変化が行動学的影響または他の何らかの健康への悪

影響と解釈されるという兆候は得られていない。例えば、数々のヒト及び動物研究で、認知機能がRFばく露によって影響されるということは認められなかった（このことは数々の再現研究で確認された）。

　過去13年間に多くの研究が、実験室で慎重に管理された二重盲検条件を適用して、RF発生源として携帯電話またはモバイル通信アンテナのいずれかを用いて、症状の発生とRF電磁界（10 MHz-300 GHz）へのばく露を扱った。これらの研究は、急性ばく露はRFばく露の結果としての症状を生じないことを示してきた。但し、自身がばく露されていると考える際に症状が確かに生じる、または症状が悪化する被験者もいる。これはノセボ効果と呼ばれる。複数の、大半が横断的な疫学研究では、近隣の携帯電話基地局の存在と症状の発生との関連が調査されてきた。そのような研究は、何らかのばく露 - 反応関係を判定するには適しておらず、また、人々が近隣の基地局の存在を知っている場合にはノセボ効果が生じ得る。全体として、急性のリスクはないという証拠が年々増加している。

　13年前、複数の研究で、高出力の放送用送信設備の近傍での小児及び成人の白血病発生率の上昇が報告された。他方、4つの大規模な症例対照研究では、小児白血病のリスク上昇は認められなかった。成人のがんについても、別の複数の研究で、大規模送信設備の近傍でのリスク上昇は認められなかった。よって、送信設備の近傍に住む人々にがんリスク上昇はないという証拠が増加している。

　最後に、ズボンのポケットに入れた携帯電話からの男性の生殖器のRFばく露の影響についてのトピックが、過去数年間にかなりの注目を集めている。複数の疫学研究、ならびにヒト及び動物を用いた実験研究で、幾つかの影響、特に、理論的には生殖能の低下につながり得る精子の質への影響が報告されている。但し、これらの研究はほとんど全て、研究のデザインと分析において質が低く、その結果は潜在的リスクの有無に関して有益ではない。更に、動物研究はこれらの影響を支持していない。

　SSI/SSMが科学評議会による電磁界研究のモニタを開始してから13

年間に、多くの研究が実施されてきた。全体として、異なる周波数の電界、磁界または電磁界へのばく露によって生じると疑われていた幾つかの健康への悪影響は、存在しないことがより明確になった。幾つかの疑問には充分な回答が得られていないので、更なる研究が必要である。研究のデザインが必ずしも適切ではなく、有益ではない結果につながり得ることが懸念される。よって、科学的研究を定期的に批判的にレビューすることが重要である。SSM の科学評議会は、このトピックについての文献のモニタと報告を継続する。

Q.1-9

実験研究の質を
評価する方法は？

Simkó 他（2016）[153] は、低レベルの電波ばく露と細胞の反応との間に何らかの統計的な関連があるかどうかについて、これまでに公表された実験データを系統的に分析した。細胞の反応は細胞増殖とアポトーシスに絞り、分析の統計的検出力を上げるために、両者を「細胞寿命」にまとめた分析もした。分析対象論文（米国立衛生研究所・国立医学図書館が運用している科学文献データベース PubMed から 1995-2014 年の期間に発表された当該分野の論文を抽出）の実験パラメータは、細胞の種類（初代培養細胞か株化細胞か）、細胞の反応の有無（適切な対照との比較において、統計的有意性の報告があるかどうか）、周波数（0.5-1 GHz、1-3 GHz、3-10 GHz、>10 GHz）、ばく露時間（急性（≤60 分間）、長時間（1-24 時間）、慢性（1 日または数日。数日間にわたる断続ばく露も含む））、SAR（≤1 W/kg、1-2 W/kg、>2 W/kg）、ばく露条件の品質（擬似ばく露、適切なドシメトリ（ばく露評価）、温度制御、盲検化、陽性対照の 5 項目の有無）により、0-5 ポイントを付与した。同定された論文 104 報から 483 件の実験を抽出・分析した。その結果、電波ばく露後の細胞の反応は、初代培養細胞よりも株化細胞と有意に関連していた。その他の実験パラメータについては細胞の反応との有意な関連は認められなかった。ばく露条件の品質 5 項目と細胞の反応の有無との間に、有意に高い負の関連が検出された。つまり、品質要件のポイントが高いほど、細胞の反応検出は少なくなった、と著者らは報告している。

　つまり、「質の高い研究」に必要な基本事項としては、ドシメトリ（ばく露評価）の正確さ、熱作用やその他の交絡因子の適切な排除、実験動物・細胞の標準化、適切な比較対照群と標本数の確保が重要である。これについては第 2 部 Q.2-5-7 で詳述する。

第 1 部の参考文献

[1] 『The INTERPHONE Study』, International Agency for Research on Cancer http://interphone.iarc.fr/interphone_back.php 2019.

[2] 『Mobile phone use and acoustic neuroma risk in Japan』, T.Takebayashi, et al., Occup Environ Med 63(12), 2006.

[3] 『Mobile phone use, exposure to radiofrequency electromagnetic field, and brain tumour: a case-control study』, T. Takebayashi, et al.,Br J Cancer 98(3), 2008.

[4] 『Brain tumour risk in relation to mobile telephone use: results of the INTERPHONE international case-control study』, The INTERPHONE Study Group, Int J Epidemiol 39(3), 2010.

[5] 『Acoustic neuroma risk in relation to mobile telephone use: results of the INTERPHONE international case-control study』, INTERPHONE Study Group, Cancer Epidemiol 35(5), 2011.

[6] 『Pooled analysis of case-control studies on malignant brain tumours and the use of mobile and cordless phones including living and deceased subjects』, L. Hardell, et al., Int J Oncol 38(5), 2011.

[7] 『Cellular telephone use and cancer risk: update of a nationwide Danish cohort』, J. Schüz, et al., J Natl Cancer Inst 98(23), 2006.

[8] 『Use of mobile phones and risk of brain tumours: update of Danish cohort study』, P. Frei, et al., BMJ 343, 2011. .

[9] 『Mobile phone use and risk of brain neoplasms and other cancers prospective study』, VS.Benson,et al., Int J Epidemiol 42(3), 2013.

[10] 『Carcinogenicity of radiofrequency electromagnetic fields』, R. Baan, et al., WHO International Agency for Research on Cancer Monograph Working Group, Lancet Oncol 12(7), 2011.

[11] 『IARC Monographs on the evaluation of carcinogenic risks to humans. Volume 102. Non-ionizing radiation, Part 2: Radiofrequency electromagnetic fields』, International Agency for Research on Cancer, 2013.

[12] 『IARC Monographs on the identification of carcinogenic hazards to

humans. Preamble』, International Agency for Research on Cancer, 2019a.

[13] 『IARC Monographs on the identification of carcinogenic hazards to humans. List of classifications, volumes 1-123.』, International Agency for Research on Cancer, 2019b.

[14] 『IARC Monographs evaluate consumption of red meat and processed meat』, International Agency for Research on Cancer, Press Release No.240. 2015.

[15] 『Links between processed meat and colorectal cancer』, World Health Organization, Statement. 2015.

[16] 『レッドミートと加工肉に関する IARC の発表についての食品安全委員会の考え方』, 内閣府 食品安全委員会, 平成 27 年 11 月 30 日 .

[17] 『Mobile phone use and brain tumors in children and adolescents: a multicenter case-control study (CEFALO) 』, D. Aydin, et al., J Natl Cancer Inst 103(16), 2011.

[18] 『Time trends (1998-2007) in brain cancer incidence rates in relation to mobile phone use in England』, F. de Vocht, et al., Bioelectromagnetics 32(5), 2011.

[19] 『Mobile phone use and glioma risk: comparison of epidemiological study results with incidence trends in the United States』, MP. Little, et al., BMJ 344:e1147, 2012.

[20] 『Has the incidence of brain cancer risen in Australia since the introduction of mobile phones 29 years ago? 』, S. Chapman, et al., Cancer Epidemiol 42, 2016.

[21] 『Time trend in incidence of malignant neoplasms of the central nervous system in relation to mobile phone use among young people in Japan』,Y. Sato, et al., Bioelectromagnetics 37(5), 2016.

[22] 『Mobile phone use and incidence of brain tumour histological types, grading or anatomical location: a population-based ecological study』, K. Karipidis, et al., BMJ Open 8(12):e024489, 2018.

[23] 『Recall bias in the assessment of exposure to mobile phones』, M. Vrijheid, et al., J Expo Sci Environ Epidemiol 19(4), 2009.

[24] 『Mobile phones and cancer. Part 1: Epidemiology of tumours in the head』,

The Hague: Health Council of the Netherlands, 2013.

[25] 『Opinion on potential health effects of exposure to electromagnetic fields (EMF)』, Scientific Committee on Emerging and Newly Identified Health Risks (SCENIHR), 2015.

[26] 『Cancer incidence and mortality and proximity to TV towers』, B. Hocking, et al., Med J Aust 165(11-12), 1996.

[27] 『Childhood incidence of acute lymphoblastic leukaemia and exposure to broadcast radiation in Sydney--a second look』, DR. McKenzie, et al., Aust N Z J Public Health 22(3 Suppl), 1998.

[28] 『Cancer incidence near radio and television transmitters in Great Britain. I. Sutton Coldfield transmitter』, H. Dolk, et al., Am J Epidemiol 145(1), 1997a.

[29] 『Cancer incidence near radio and television transmitters in Great Britain. II. All high power transmitters』, H. Dolk, et al., Am J Epidemiol 145(1), 1997b.

[30] 『Adult and childhood leukemia near a high-power radio station in Rome, Italy』, P. Michelozzi, et al., Am J Epidemiol 155(12), 2002.

[31] 『Investigation of Cancer Incidence in the Vicinity of Cranlome Telecommunications Mast』, Northern Ireland Cancer Registry (NIRR), 2004.

[32] 『RMIT acts to ensure staff and student safety』, Royal Melbourne Institute of Technology (RMIT University), 2006.

[33] 『ARPANSA comments on media reports of brain tumour cases at RMIT University and possible link with mobile phone towers on roof of buildings』, Australian Radiation Protection and Nuclear Safety Agency (ARPANSA), 2006.

[34] 『Cancer incidence among Ontario police officers』, Finkelstein MM, Am J Ind Med 34(2), 1998.

[35] 『Radiofrequency exposure and mortality from cancer of the brain and lymphatic/hematopoietic systems』, RW. Morgan, et al., Epidemiology 11(2), 2000.

[36] 『Lymphomas in E mu-Pim1 transgenic mice exposed to pulsed 900 MHZ electromagnetic fields』, MH. Repacholi, et al., Radiat Res 147(5), 1997.

[37] 『Long-term exposure of E-mu-Pim1 transgenic mice to 898.4 MHz

microwaves does not increase lymphoma incidence』, TD. Utteridge, et al., Radiat Res 158(3), 2002.

[38] 『Carcinogenicity study of 217 Hz pulsed 900 MHz electromagnetic fields in Pim1 transgenic mice』, G. Oberto, et al., Radiat Res 168(3), 2007.

[39] 『Effects of an acute 900 MHz GSM exposure on glia in the rat brain: A time-dependent study』, E. Brillaud, et al., Toxicology 238(1), 2007.

[40] 『Micronucleus frequency in erythrocytes of mice after long-term exposure to radiofrequency radiation』, J. Juutilainen, et al., Int J Radiat Biol 83(4), 2007.

[41] 『Lack of promoting effects of chronic exposure to 1.95-GHz W-CDMA signals for IMT-2000 cellular system on development of N-ethylnitrosourea-induced central nervous system tumors in F344 rats』, T. Shirai, et al., Bioelectromagnetics 28(7), 2007.

[42] 『GSM and DCS wireless communication signals: Combined chronic toxicity/carcinogenicity study in the Wistar rats』, P. Smith, et al., Radiat Res 168(4) 2007.

[43] 『Lymphoma development in mice chronically exposed to UMTS-modulated radiofrequency electromagnetic fields』, AM. Sommer, et al., Radiat Res 168(1), 2007.

[44] 『Carcinogenicity study of GSM and DCS wireless communication signals in B6C3F1 mice』, T. Tillmann, et al., Bioelectromagnetics 28(3), 2007.

[45] 『Study on potential effects of "902-MHz GSM-type Wireless Communication Signals" on DMBA-induced mammary tumours in Sprague-Dawley rats』, R. Hruby, et al., Mutat Res 649(1-2), 2008.

[46] 『Indication of cocarcinogenic potential of chronic UMTS-modulated radiofrequency exposure in an ethylnitrosourea mouse model』, T. Tillmann, et al., Int J Radiat Biol 86(7, 2010.

[47] 『Tumor promotion by exposure to radiofrequency electromagnetic fields below exposure limits for humans』, A. Lerchl, et al., Biochem Biophys Res Commun 459(4), 2015.

[48] 『Mobile phones and cancer: Part 2. Animal studies on carcinogenesis』,

Health Council of the Netherlands, publication no. 2014/22, ISBN 978-94-6281-012-9, 2014.

[49] 『NTP Technical Report on the toxicology and carcinogenic studies in Hsd:Sprague Dawley SD Rats exposed to whole-body radio frequency radiation at a frequency (900 MHz) and modulations (GSM and CDMA) used by cell phones』, National Toxicology Program (NTP), TR 595, 2018a.

[50] 『NTP Technical Report on the toxicology and carcinogenic studies in B6C3F1/N mie exposed to whole-body radio frequency radiation at a frequency (1,900 MHz) and modulations (GSM and CDMA) used by cell phones』, National Toxicology Program (NTP), TR 596, 2018b.

[51] 『National Toxicology Program releases final reports on rat and mouse studies of radio frequency radiation like that used in 2G and 3G cell phone technologies』, NTP News Release, 2018.

[52] 『Statement from Jeffrey Shuren, M.D., J.D., Director of the FDA's Center for Devices and Radiological Health on the National Toxicology Program's report on radiofrequency energy exposure』, Food and Drug Administration, 2018.

[53] 『ICNIRP Note on recent animal carcinogenesis studies』, International Commission on Non-Ionizing Radiation Protection, 2018.

[54] 『Primary DNA damage in human blood lymphocytes exposed in vitro to 2450 MHz radiofrequency radiation』, Vijayalaxmi, et al., Radiat Res 153(4), 2000.

[55] 『Cytogenetic studies in human blood lymphocytes exposed in vitro to radiofrequency radiation at a cellular telephone frequency (835.62 MHz, FDMA)』, Vijayalaxmi et al., Radiat Res 155(1 Pt 1), 2001.

[56] 『Neoplastic transformation in C3H 10T(1/2) cells after exposure to 835.62 MHz FDMA and 847.74 MHz CDMA radiations』, JL. Roti Roti et al., Radiat Res 155(1 Pt 2), 2001.

[57] 『DNA damage and micronucleus induction in human leukocytes after acute in vitro exposure to a 1.9 GHz continuous-wave radiofrequency field』, JP. McNamee et al., Radiat Res 158(4), 2002.

[58] 『Risk Evaluation of Potential Environmental Hazards From Low

Frequency Electromagnetic Field Exposure Using Sensitive in vitro Methods』, European Union Final Report, 2004.

[59] 『Comments on: "DNA strand breaks" by Diem et al. [Mutat. Res. 583 (2005) 178-183] and Ivancsits et al. [Mutat. Res. 583 (2005) 184-188]』, Vijayalaxmi, et al., Mutat Res 603(1), 2005.

[60] 『Genotoxic effects of exposure to radiofrequency electromagnetic fields (RF-EMF) in cultured mammalian cells are not independently reproducible』, G. Speit, et al., Mutat Res 626(1-2), 2007.

[61] 『Mobile phone base station radiation does not affect neoplastic transformation in BALB/3T3 cells』, H. Hirose, et al., Bioelectromagnetics 29(1), 2008.

[62] 『Non-thermal heat-shock response to microwaves』, D. de Pomerai, et al., Nature 405(6785), 2000.

[63] 『A small temperature rise may contribute towards the apparent induction by microwaves of heat-shock gene expression in the nematode Caenorhabditis Elegans』, AS. Dawe, et al., Bioelectromagnetics 27(2), 2006.

[64] 『Retraction: Non-thermal heat-shock response to microwaves』, D. de Pomerai, et al., Nature 440:437, 2006.

[65] 『Microwave exposure of neuronal cells in vitro: Study of apoptosis』, V. Joubert, et al., Int J Radiat Biol 82(4), 2006.

[66] 『Mobile phone base station-emitted radiation does not induce phosphorylation of Hsp27』, H. Hirose, et al., Bioelectromagnetics 28(2), 2007.

[67] 『1950 MHz IMT-2000 field does not activate microglial cells in vitro』, H. Hirose, et al., Bioelectromagnetics 31(2), 2010.

[68] 『Genetic damage in human cells exposed to non-ionizing radiofrequency fields: a meta-analysis of the data from 88 publications (1990-2011)』, Vijayalaxmi, et al., Mutat Res 749(1-2), 2012.

[69] 『Pulsed and continuous wave mobile phone exposure over left versus right hemisphere: Effects on human cognitive function』, C. Haarala, et al.,

Bioelectromagnetics 28(4), 2007.

[70] 『Effects of pulsed and continuous wave 902 MHz mobile phone exposure on brain oscillatory activity during cognitive processing』, CM. Krause, et al., Bioelectromagnetics 28(4), 2007.

[71] 『Effect of GSM cellular phones on human hearing:the european project "GUARD"』, M. Parazzini, et al.,Radiation Research 168(5), 2007.

[72] 『Mobile phone emission modulates interhemispheric functional coupling of EEG alpha rhythms』, F. Vecchio, et al., Eur J Neurosci 25(6) 2007. .

[73] 『Effects of thirty-minute mobile phone exposure on saccades』, Y. Terao, et al.,, Clin Neurophysiol 118(7), 2007.

[74] 『Effects of high frequency electromagnetic field (EMF) emitted by mobile phones on the human motor cortex』, S. Inomata, et al., Bioelectromagnetics 28(7), 2007.

[75] 『Effects of 2G and 3G mobile phones on human alpha rhythms: Resting EEG in adolescents, young adults, and the elderly』, RJ. Croft, et al., Bioelectromagnetics 31(6), 2010.

[76] 『Absence of short-term effects of UMTS exposure on the Human auditory system』, M. Parazzini, et al., Radiat Res 173(1), 2010.

[77] 『Mobile phone use, blood lead levels, and attention deficit hyperactivity symptoms in children: a longitudinal study』, YH. Byun, et al., PLoS One 8(3), 2013.

[78] 『Melatonin metabolite excretion among cellular telephone users』, JB. Burch, et al., Int J Radiat Biol 78(11), 2002.

[79] 『Sleep Disturbances in the Vicinity of the Short-Wave Broadcast Transmitter Schwarzenburg』, T. Abelin, et al., Somnologie 9(4), 2005.

[80] 『Biomonitoring of estrogen and melatonin metabolites among women residing near radio and television broadcasting transmitters』, ML. Clark, et al., J Occup Environ Med 49(10), 2007.

[81] 『Effect of occupational EMF exposure from radar at two different frequency bands on plasma melatonin and serotonin levels』, S. Singh, et al.,

Int J Radiat Biol 91(5), 2015.

[82] 「Nerve cell damage in mammalian brain after exposure to microwaves from GSM mobile phones」, LG. Salford, et al., Environ Health Perspect 111(7), 2003.

[83] 「Effects of head-only exposure of rats to GSM-900 on blood-brain barrier permeability and neuronal degeneration」, FP. de Gannes, et al., Radiat Res 172(3), 2009.

[84] 「Effects of 915 MHz electromagnetic-field radiation in TEM cell on the blood-brain barrier and neurons in the rat brain」, H. Masuda, et al., Radiat Res 172(1), 2009.

[85] 「Radiofrequency-radiation exposure does not induce detectable leakage of albumin across the blood-brain barrier」, JM. McQuade, et al., Radiat Res 171(5), 2009.

[86] 「GSM modulated radiofrequency radiation does not affect 6-sulfatoxymelatonin excretion of rats」, J. Bakos, et al., Bioelectromagnetics 24(8), 2003.

[87] 「1800 MHz electromagnetic field effects on melatonin release from isolated pineal glands」, I. Sukhotina, et al., J Pineal Res 40(1), 2006.

[88] 「Effects of mobile phone electromagnetic fields at nonthermal SAR values on melatonin and body weight of Djungarian hamsters (Phodopus sungorus)」,. A. Lerchl, et al., J Pineal Res 44(3), 2008.

[89] 「900-MHz microwave radiation promotes oxidation in rat brain」, KK. Kesari, et al., Electromagn Biol Med 30(4), 2011.

[90] 「Pathophysiology of microwave radiation: effect on rat brain」, KK. Kesari, et al., Appl Biochem Biotechnol 166(2), 2012.

[91] 「Effects of simultaneous combined exposure to CDMA and WCDMA electromagnetic fields on serum hormone levels in rats」, YB. Jin, et al., J Radiat Res 54(3), 2013.

[92] 「Circadian alterations of reproductive functional markers in male rats exposed to 1800 MHz radiofrequency field」, F. Qin, et al., Chronobiol Int

31(1), 2014.

[93] 『Alterations of cognitive function and 5-HT system in rats after long term microwave exposure』, HJ. Li, et al., Physiol Behav 140, 2015.

[94] 『Circadian Rhythmicity of Antioxidant Markers in Rats Exposed to 1.8 GHz Radiofrequency Fields』, H. Cao, et al., Int J Environ Res Public Health 12(2), 2015.

[95] 『Eight hours of nocturnal 915 MHz radiofrequency identification (RFID) exposure reduces urinary levels of melatonin and its metabolite via pineal arylalkylamine N-acetyltransferase activity in male rats』, HS. Kim, et al., Int J Radiat Biol 91(11), 2015.

[96] 『Prenatal and postnatal exposure to cell phone use and behavioral problems in children』, HA.Divan, et al., Epidemiology 194(4), 2008.

[97] 『Association between exposure to radiofrequency electromagnetic fields assessed by dosimetry and acute symptoms in children and adolescents: a population based cross-sectional study』, S. Heinrich, et al., Environ Health 99:75, 2010.

[98] 『Prenatal exposure to cell phone use and neurodevelopment at 14 months』, M. Vrijheid, et al., Epidemiology 21(2), 2010.

[99] 『Prenatal cell phone use and developmental milestone delays among infants』, HA.Divan, et al., Scand J Work Environ Health 37(4), 2011.

[100] 『Prospective study of pregnancy outcomes after parental cell phone exposure: the Norwegian Mother and Child Cohort Study』, V. Baste, et al., Epidemiology 26(4), 2015.

[101] 『Neurodevelopment for the first three years following prenatal mobile phone use, radio frequency radiation and lead exposure』, KH. Choi, et al., Environ Res 156, 2017.

[102] 『Maternal cell phone use during pregnancy and child behavioral problems in five birth cohorts』, L.Birks, et al., Environ Int 104, 2017.

[103] 『Radiofrequency electromagnetic fields, screen time, and emotional and behavioural problems in 5-year-old children』, M.Guxens, et al., Int J Hyg

Environ Health [in press], 2018.

[104] 「The effect of prenatal exposure to 900-MHz electromagnetic field on the 21-old-day rat testicle」, H.Hancı, et al., Reprod Toxicol 42, 2013.

[105] 「Exposure to 1800 MHz radiofrequency electromagnetic radiation induces oxidative DNA base damage in a mouse spermatocyte-derived cell line」, C.Liu, et al., Toxicol Lett 218(1):2-9, 2003.

[106] 「2.45-GHz microwave irradiation adversely affects reproductive function in male mouse, Mus musculus by inducing oxidative and nitrosative stress」, S.Shahin, et al., Free Radic Res 48(5), 2014.

[107] 「Effect of mobile telephones on sperm quality: a systematic review and meta-analysis」, JA.Adams, et al., Environ Int 70, 2014.

[108] 「Association between mobile phone use and semen quality: a systemic review and meta-analysis」, K.Liu, et al., Andrology 2(4), 2014.

[109] 「Effects of Global communication system radio-frequency fields on well being and cognitive functions of human subjects with and without subjective complaints」, APM.Zwamborn, et al., Netherlands Organization for Applied Scientific Research (TNO). TNO Report FEL-03-C148, 2003.

[110] 「UMTS base station-like exposure, well-being, and cognitive performance」, SJ.Regel, et al., Environ Health Perspect 114(8), 2006.

[111] 「Subjective symptoms, sleeping problems, and cognitive performance in subjects living near mobile phone base stations」, HP.Hutter, et al., Occup Environ Med 63(5), 2006.

[112] 「Health risks from mobile phone base stations」, D.Coggon, Occup Environ Med 63(5), 2006.

[113] 「Psychophysiological tests and provocation of subjects with mobile phone related symptoms」, J. Wilén, et al., Bioelectromagnetics 27, 2006.

[114] 「A systematic review of treatments for electromagnetic hypersensitivity」, GJ.Rub, et al., Psychother Psychosom 75, 2006.

[115] 「Does short-term exposure to mobile phone base station signals increase symptoms in individuals who report sensitivity to electromagnetic fields? A

double-blind randomized provocation study』, S.Eltiti, et al., Environ Health Perspect 115:, 2007.

[116] 『Mobile phone headache: a double blind, shamcontrolled provocation study』, G.Oftedal, et al., Cephalalgia 27, 2007.

[117] 『The effects of 884 MHz GSM wireless communication signals on headache and other symptoms: an experimental provocation study』, L. Hillert, et al., Bioelectromagnetics 29, 2008.

[118] 『EMF protection sleep study near mobile phone base stations』, N. Leitgeb,et al., Somnologie 12, 2008.

[119] 『Effects of shortterm W-CDMA mobile phone base station exposure on women with or without mobile phone related symptoms』, T.Furubayashi, et al., Bioelectromagnetics 30, 2009.

[120] 『Polluted places or polluted minds? An experimental shamexposure study on background psychological factors of symptom formation in 'Idiophatic Environmental Intolerance attributed to electromagnetic fields'』, R.Szemerszky, et al., Int J Hyg Environ Health 213, 2010.

[121] 『Do TETRA (Airwave) base station signals have a short-term impact on health and wellbeing? A randomized double-blind provocation study』, D.Wallace, et al., Environ Health Perspect 118, 2010.

[122] 『Symptom Presentation in Idiopathic Environmental Intolerance With Attribution to Electromagnetic Fields: Evidence for a Nocebo Effect Based on Data Re-Analyzed From Two Previous Provocation Studies』, S.Eltiti, et al., Front Psychol 9, 2018.

[123] 『Homing pigeons under radio influence』, B.Bruderer, et al., Naturwissenschaffen 81, 1994.

[124] 『Possible effects of electromagnetic fields from phone masts on a population of white stork (Ciconia ciconia) 』, A.Balmori, Electromagn Biol Med 24(2), 2005.

[125] 『The urban decline of the house sparrow(Passer domesticus)：a possible link with electromagnetic radiation』, A.Balmori, et al., Electromagn Biol

Med 26(2), 2007.

[126] 『A possible effect of electromagnetic radiation from mobile phone base station on the number of breeding house sparrows (Passer domesticus) 』, J.Everaert, D.Bauwens, Electromagn Biol Med 26(1), 2007.

[127] 『Effect of electromagnetic radiation of cell phone tower on foraging behaviour of Asiatic honey bee, Apis cerana F. (Hymenoptera: Apidae) 』, RR.Taye, et al., J entomol zool stud 5(3), 2017.

[128] 電波利用ホームページ　総務省 .

[129] 例えば，NICT NEWS, No.3, 2020.

[130] 『Radio Regulations Articles, Edition of 2016』, ITU, 2016.

[131] 『加熱調理機器 (III)- ヒーターの種類と遠赤外線加熱 - 』, 渋川 祥子 , 調理科学 , vol.23, No. 1, 1990.

[132] 『5G Communications Systems and Radiofrequency Exposure Limits』, IEEE Future Networks Tech Focus, Vol.3, Issue 2, September 2019.

[133] 『Study on using millimeter waves bands for the deployment of the 5G ecosystem in the Union』, European Commission, July 2019.

[134] 『 Radiation: 5G mobile networks and health 』, Q&A Detail, WHO home page, February 2020.

[135] 『5G network and radiation safety 』, フィンランド STUK, 2020.

[136] 例えば 『赤外線放射に対する皮膚の温熱感覚の波長特性』, 赤外線技術 , 12, 1987.

[137] 『ファクトシート No.304　電磁界と公衆衛生：基地局及び無線技術』, World Health Organization, 2006.

[138] 『IARC classifies radiofrequency electromagnetic fields as possibly carcinogenic to humans 』, International Agency for Research on Cancer, Press Release No.208, 2011.

[139] 『電磁界と公衆衛生：携帯電話』, World Health Organization, ファクトシート No.193,　2014.

[140] 『 World Cancer Report 2014』, International Agency for Research on Cancer, 2014.

[141] 『 ICNIRP Guidelines for limiting exposure to time-varying electric, magnetic and electromagnetic fields (100 kHz to 300 GHz)』, International Commission on Non-Ionizing Radiation Protection, Public Consultation Draft, 2018.

[142] 『生体電磁環境に関する検討会　第一次報告書』, 総務省 , 2018.

[143] 『先進的な無線システムに関する電波防護について』, 総務省報告書（案）, 2019.

[144] 『 Radiation-Emitting Products. Cell Phones. Health Issues. Do cell phones pose a health hazards? 』, U.S. Food and Drug Administration, Page Last Updated: 12/04/2017.

[145] 『Safety of cell phones and cell phone towers』, Health Canada, Date modified: 2015-03-13.

[146] 『Fact Sheet. Mobile Phones and Health』, Australian Radiation Protection and Nuclear Safety Agency, 2015.

[147] 『 Fact Sheet. Mobile Phone Base Stations and Health』, Australian Radiation Protection and Nuclear Safety Agency, 2015.

[148] 『Fact Sheet. Wi-Fi and Health』, Australian Radiation Protection and Nuclear Safety Agency, 2015.

[149] 『Fact Sheet. Electromagnetic Hypersensitivity』, Australian Radiation Protection and Nuclear Safety Agency, 2015.

[150] 『Guidance. Radio waves: reducing exposure from mobile phones』, Public Health England, Published 1 December 2013.

[151] 『Mobile phones and cancer: Part 3. Update and overall conclusions from epidemiological and animal studies』, Health Council of the Netherlands, 2016.

[152] 『Recent Research on EMF and Health Risk. Eleventh report from SSM's Scientific Council on Electromagnetic Fields, 2016. Including Thirteen years of electromagnetic field research monitored by SSM's Scientific Council on EMF and health: How has the evidence changed over time? Report number 2016:15』, Swedish Radiation Safety Authority (Strålsäkerhetsmyndigheten), 2016.

[153] 『Quality Matters: Systematic Analysis of Endpoints Related to "Cellular

Life" in Vitro Data of Radiofrequency Electromagnetic Field Exposure』,
M.Simkó, et al., Int J Environ Res Public Health, 13(7):E701, 2016.

第2部

電波・電磁波と
その作用の基礎知識

概説

　電磁波の存在を人類が知り、無線通信など様々な分野に様々な形（周波数、エネルギーの違いなど）で幅広く利用するようになって一世紀を超えた。この間に、電波や電磁波の本質（基本的特性）と物質や生体に及ぼす作用について、多くの知見が得られている。第2部は、まず電波・電磁波についてその語源と Maxwell の電磁波予言の理論に遡って基礎知識を解説する。次に物質や生体にどんな作用を及ぼし得るか、どんな健康影響が確認されているか、電波利用の安全性を担保するための防護指針などを解説する。ここで扱う事項は理工学から医学、生物学など幅広い分野に関係するが、無線通信関係者の啓発という観点からその多くについて主として電気工学の知識をベースに解説している。

※図 2-6、図 2-10、図 2-11、図 2-15 について

　図の近傍に配置している QR コードまたは https://www.arib-emf.org/01denpa/denpa01-07.html より、電波・電磁波が空間をどのように伝搬するか、マクスウェル方程式を計算して作成した動画を見ることができる。参照して欲しい。

動画視聴コード

Q.2-1

「電波」の意味は？

電波は物理的実体がないためか、現代でも不可思議とされることがある。他者からの言葉が電波で頭の中に届くと主張する人を「電波系」と称する事例が典型であり、科学性のない意味で使われている。電波の安心安全を正しく理解するために、電波がどのように発見され、どんな性質を持っているのかという基本的事柄について正確な知識を持つことが重要である。まず初めに用語としての「電波」の起源、由来を探る。そこに深い意味合いのあることが分かる。

　「電波」は明治時代に作られた英訳語であるから、まずはオリジナルの英語との関連を明確にする。さらに、電波は「電磁波の一種」であるから、「電波」と「電磁波」の違いについても英語に遡って明らかにしておこう。

Q. 2−1−1　電波の英語は？

　「電波」に対応する英語は和英辞書などで通常 "Radio wave" とされる。また、総務省の HP の電波法英語版 [1] のように単に "Radio" とされる場合もある。しかし、一部の辞書 [2],[3] には "Electric wave" とある。ネットには "Electromagnetic wave" [4] との不正確な翻訳も見られる。逆に英語の "Radio" については「ラジオ（受信機）」または「無線通信」と訳した英和辞書 [5] がある。さらに、同類語の "Radio control" は多くの辞書で「ラジコンまたは無線操縦」とされ、「電波操縦」とは一般に言わないようである。「電波」と "Radio" の対応が統一されていない。加えて「電波は電磁波の略称である」と不正確な説明がネット検索で見つかるなど、混乱も見られる。

　そこで「電波」と "Radio"、"Electric wave：電気波"、"Electromagnetic wave：電磁波" という言葉の成り立ち、起源・由来を遡ることで、それらの正確な意味を探ることとする。「名は体を表す」と言われるように、用語から基本的性質の一端を知ることができる。

Q.2−1−2　電波の定義は？

　現代における電波の定義は1950年制定の電波法（第一章、第二条の一）で与えられるというのが一般的な認識であり、次のように記述されている：

　「電波とは、三百万メガヘルツ以下の周波数の電磁波をいう。」

　また、通信技術などの世界標準を扱うITU（International Telecommunication Union：国際電気通信連合）の用語の定義 [6] では次のように記述される（原文）：

　　"radio waves or hertzian waves: Electromagnetic waves of frequencies
　　arbitrarily lower than 3000GHz, propagated in space without artificial
　　guide."

とあり、"propagated in space without artificial guide：人工的なガイドなしで空間を伝搬する" を除く前半の周波数を定める記述は日本の電波法での定義と一致する。なお"Hertzian waves"は欧米で使われることが多い。これらから分かるように、電波とは「特定の周波数以下の電磁波」を電磁波全体から区別するために付けられた別名称であり、電磁波一般を意味するものではない（当然であるが電磁波の略称ではない）。電磁波は周波数によって異なる性質を示す（具体の事項はQ.2-2以降に解説する）。例えば、最も基本的な電離／非電離の区分がある。また電波についても、周波数によって伝搬特性や物質との相互作用などで様々な違いがあることから周波数帯で定義する中波、短波、マイクロ波などの別名称がある。その関係を図2-1：電磁波の全体像に示す。同図に参考として人体要素の大きさ（Q.2-2-3等の解説で用いる）並びに応用例を併記する。またITUが世界標準として勧告した"Radio Bands"の番号と略称、および用途例を表2-1に示す。Bandの和訳は「電波帯域」もしくは「無線帯域」とされている。

　電波の上限の周波数は普遍ではなく時代と共に変えられてきた。これはradio waveやradioが当初は無線通信などの特定の用途を念頭にした用語として使用され、時代が進むに従いより高い周波数帯の利用が必要とされてきたからである。

　なお本書での定義は、「電波とは、周波数が 3000 GHz 以下であって人工的なガイドなく空間を伝搬し、無線通信に有用な電磁波をいう」としている（**Q.2-2-1** を参照されたい）。

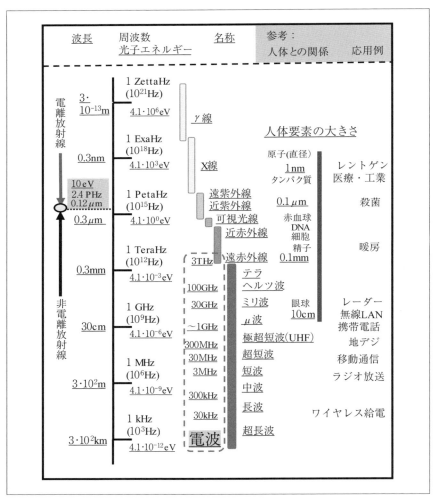

〔図 2-1〕電磁波と電波の分類（全体像）

〔表2-1〕ITU の電波 / 無線帯域表（Radio Bands）

帯域番号 Band Number	略称 Abbreviation	周波数範囲 Frequency range	用途例
4	VLF（Very-Low-Frequency）	3 kHz to 30 kHz	雪崩ビーコン
5	LF（Low-F）	30 kHz to 300 kHz	電波航法、電波時計
6	MF（Medium-F）	300 kHz to 3000 kHz	中波放送
7	HF（High-F）	3 MHz to 30 MHz	短波放送
8	VHF（Very-HF）	30 MHz to 300 MHz	業務通信
9	UHF（Ultra-HF）	300 MHz to 3000 MHz	テレビ、携帯電話
10	SHF（Super-HF）	3 GHz to 30 GHz	衛星放送、5G
11	EHF（Extremely-HF）	30 GHz to 300 GHz	ミリ波レーダー
12	THF（Tremendously-HF）	300 GHz to 3000 GHz	半導体レーザー

・ITU Radio Regulations, Volume 1, Article 2; Edition of 2008.

Q. 2−1−3　電波の語源（起源、由来）は？

　以上の現時点での定義を理解したうえで語源を探ってみる。

　「語源」を調べる方法としてネット検索を利用するとともに、電磁波を理論予言した Maxwell とその存在を実験証明した Hertz の論文と著作を探った。

（1）歴史

　「電磁波」と「電波」に関係する主な用語の歴史を欧米と日本に分けて図 2-2 に示す。以下これらの用語について詳細を解説する。

　欧米で "Radio" が一般的に使用され始めたのは 1904 年とされ、CCIR（現 ITU-R）の基金が設立された 1927 年には "Radio" は世界的に公式の用語として定着したとされる。 CCIR の最初の会議資料では "Radioelectric communication" なる用語が使われた [7]。一方、「電波」は後述するように "Electric wave" の訳語として既に存在したが [8]、一般的に使用されるよ

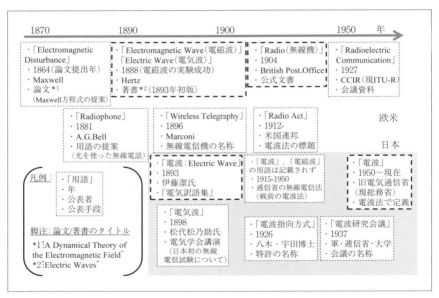

〔図 2-2〕「電磁波」と「電波」−主な用語の歴史−

うになったのは電波法に記述された 1950 年からと推定される。それ以前は「無線」の用語が普及していたとの説明がネット情報にある。

先に述べたように 1950 年制定の電波法が「電波」という用語を定義したが、それ以前の電波法に相当する 1929 年（大正 4 年）公布の無線電信法には「電波」という用語は使われていない。しかし、「電波指向方式」（1926 年特許）、「電波研究会議」（1937 年国内会議）、「電波探知機」（1930年代レーダー）などの言葉が確認でき、当時も今日と同様に無線通信等に利用する電磁波の別呼称として「電波」の用語が専門家の間で使われていたと推定される。

それで専門用語の辞書であるが、19 世紀に欧米で急激に発達した電気に関する技術について、英単語の邦訳を最初に取り纏めた書物として、1893 年（明治 26 年）の伊藤潔氏著『電気訳語集』[8] がある。伊藤潔氏は 1893 年に沖商会に入社したが、それ以前は逓信省技手であった。交流発電機が初めて日本に輸入されたのが 1889 年なので、この訳語集には当時の最新の専門用語が示されていると考えられる。この書の当該部は図 2-2 に示すように、「Electric Wave.　電波」とある。「日本初の無線電信（通信）試験：1897 年」の 4 年前であるから「電波」なる（当時の）新語はこの本で産声をあげたとして良いだろう。但し訳語集より先の1888 年に長岡半太郎博士が Hertz の実験成功について特別講演を行っているが、「電波」の用語を使ったかどうかは確認できなかった。

ここで、同訳語集には「電波」の他に「Electric Field.　電氣界」、「Magnetic Field.　磁界」とある（図 2-3）。"Electric Field" の現在の邦訳は「電界」であるが、伊藤氏はあえて「氣」を省略せずに「電氣界」としているので、"Electric Wave" も同様に「電氣波」とするのが自然な流れと感じるがそうはしていない。また同書に "Electromagnetic Wave" の記載がないのはなぜであろうか？

英語の辞書『Merriam-Webster』によれば "Electromagnetic wave" の用語は 1882 年から使われたとある。電磁波の存在を理論予言したMaxwell の生存期間は 1831-1879 であって 1882 年以前であるからMaxwell は "Electromagnetic wave" を使っていなかったのだろうか？そ

こで彼の 1864 年の当該論文 [9] を調べてみると、"Electromagnetic wave" の用語は使われず "Electromagnetic disturbance in the form of waves" と記述されている。論文の該当記述を図 2-4 に示す。disturbance の和訳は「乱れ」、「妨害波」などとされているが、coherence ではない「擾乱」といった意味合いが適切と思われる。

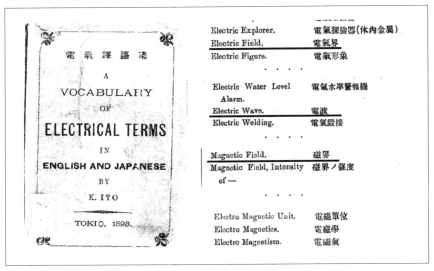

〔図 2-3〕1893 年（明治 26 年）「電気訳語集」から [8]

as those of WEBER, which expresses the number of electrostatic units of electricity which are contained in one electromagnetic unit.

This velocity is so nearly that of light, that it seems we have strong reason to conclude that light itself (including radiant heat, and other radiations if any) is an electromagnetic disturbance in the form of waves propagated through the electromagnetic field according to electromagnetic laws. If so, the agreement between the elasticity of the medium as calculated from the rapid alternations of luminous vibrations, and as found

"A Dynamical Theory of
the Electricmagnetic Field", J. Clerk Maxwell,
Phil. Trans. R. Soc. Lond. Published 1865.

〔図 2-4〕Electromagnetic Disturbance − Maxwell の記述 − [10]

(2) 日本初の無線通信試験で使われた用語は「電気波」

　「日本初の無線電信試験；1897年」の功績者とされる松代松之助氏（逓信省電気試験所）はどうだろうか？単純に想像すれば氏は当時の新語（1893年には公表）である「電波」を使いそうであるが、実際には違う。松代松之助氏は、（電磁波の存在を実験証明した）Hertzが1893年に著した『Electric Waves』[10]を教科書として独自に機器を開発して試験に成功したと言われる。試験成功直後の1898年（明治31年）に行った氏の電気学会講演の記録では「・・ところが「電気波」はその性質光波と全く同じであります・・」とある。"Electric Wave"の邦訳の「電波」の用語が既に公表されているにも拘わらずそれを用いず「電気波」と表現したのはなぜであろうか。Hertzの教科書のタイトルを直訳したのであろうか。この疑問の答えを見つけるために、Hertzの教科書で"Electric Wave"がどのような意味で使われていたか、原書に遡って調べてみよう。

(3) Hertz は何と呼んでいたか？

・「空間の電磁波」と「線路の電気波」：

　Hertzの『Electric Waves』[10]に"Electromagnetic waves in air"と"The propagation of electric waves by means of wires"の二つの記述があり、「空中（空間）の電磁波」と「線上の電気波」を区別している（図2-5）。すなわち、前者が電流の無い空間を伝搬する波動であるのに対して、後者は電線という手段で電流に付随して伝搬する波動としている。

　この二つの違いを図的に理解できるように、基本的なモデルについて二つの波動のポンチ図を作成し図2-6に示している。この図はTVやFM受信機等に広く使用される平行2線（レッヘル線）に5GHzのμ波を給電するモデルについてMaxwell方程式を適用した計算シミュレーションで作成したもので理論に忠実である。図中にHertzが彼の著書で説明した二つの波動を示す。"Electromagnetic Wave：電磁波"が波源から放射状に広がる様子と"Electric Wave：電気波"が線路に沿って伝搬する様子が理解できる。図中の濃淡は電界強度を表す。図2-7は同じ電磁界の計算結果をポインティングベクトル（Poynting Vector）による電磁エ

ネルギーの流れで表示している（図中の矢印記号）。ポインティングベクトルについては Q.2-2-2（3）を参照されたい。これらの図から、一度生じた電磁波は波源と独立な存在（エネルギー）であり、波源が消えても空間を伝搬し続けるが、電気波の方は線路の電流に付随した（繋がった）存在であるためその電流が消えれば無くなってしまう、という根本

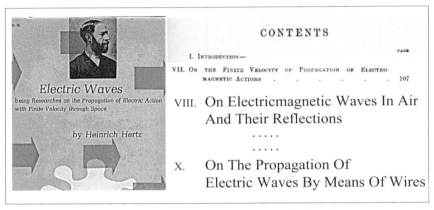

〔図 2-5〕Hertz による「電磁波」と「電気波」

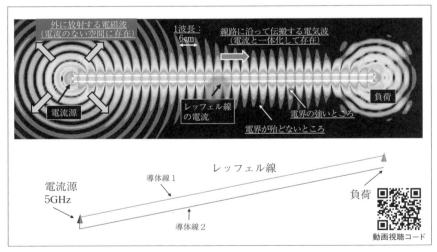

〔図 2-6〕空間の電磁波と線上の電気波

的な違いが二つの波動にあることが分かる。エネルギーの流れであるポインティングベクトルは前者では外の空間に拡がり、後者の電気波では線路に並行している。つまり一度生じた電磁波は波源（電流源）が無くなっても空間を遠くまで伝搬し続けるが、電気波は線路の電流が無くなれば直ちに消失するため遠方まで伝搬することはできない。

　ITU の "radio wave" の定義が、"・・propagated in space without artificial guide." と記されている理由は "radio wave" が「(guide と無関係に) 空中を伝搬する電磁波」であることを明確化するためと考えて良いだろう。従って、その定義に従えば、周波数が同じであっても、線路に沿って伝わる電気波は "radio wave" ではない。以下の "radio" の項で述べるように歴史的に "radio" の本来の意味は「無線、無線機器」であるから、ITU の定義はこれに矛盾しない。しかしこの意味に関して電波法の「電波」と ITU の「radio wave」とは（厳密には）一致しない。

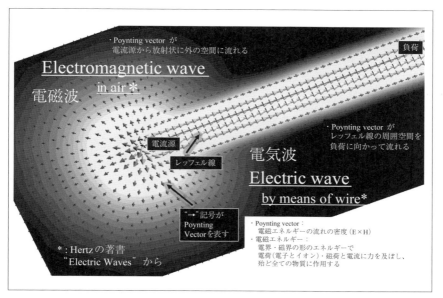

〔図 2-7〕空間の電磁波と線上の電気波－ポインティングベクトル－

Q. 2－1－4 "Radio" の語源は？

　ネット情報では、"radio" はラテン語の "radius" に由来し、"radius" は "spoke of a wheel, beam of light" の意味を持つとある。図 2-2 に示すように 1881 年に A. G. Bell は「光線を使った電話」を提唱し "radiophone" と呼んだが、この言葉は普及しなかった。Hertz の実験成功後、光波や音波を利用する様々な無線通信を表す語として "wireless telegraphy" が一般に使われていたが、対象が広すぎるために「光より低周波の電磁波：当時 Hertzian wave とも呼ばれた」による無線通信を意味する用語として、1890 年代に Édouard Branly（フランス人の物理学者）が "radio" を使った用語を提案し "radio telegraph：無線電信" という表記が一般的となった。そして "radio" という単独用語が用いられるようになったきっかけは 1904 年の英国 Post Office の説明書での記述とされる。さらに 1920 年代以降、急速に普及拡大した放送サービスに "radio" の用語が好まれて使用されることとなった。今日、英語圏辞書での "radio" の定義は、「（空間を伝搬する）radio frequency の電磁波を使って情報を搬送（carry）する技術 / 機器 / システムのこと」となっている。このように、英語の "radio" には常に「radio wave による無線」が意識されていたが、近年では昔に戻って "wireless" の用語が使用される場合が多くなっている。

(1) 結局、「電波」の由来は「電気波：Electric Wave」で意味は "radio wave"

　以上を纏めると、「電波」の語源は 1893 年（明治 26 年）"電気訳語集" で 伊藤潔氏が "Electric Wave" の訳語として示した「電波」と考えられる。また日本で最初の無線電信試験において松代松之助氏が試験の対象を「電気波」と呼んでいるので、電波は電気波由来として間違いないだろう、しかし試験の対象は Hertz が定義した「（無線電信に適した）空間を伝搬する電磁波」そのものである。Hertz はこれを電気波と区別しているが、明治の先駆者はそうはしていない。

　そして 1950 年制定の「電波法」において、欧米の標準語である "radio wave" に合わせる形で、周波数範囲で定義される用語となって現在に至ったと考えられる。これは明らかに Hertz が定義した電磁波である。

なお、1943 年出版の桜井時夫博士による翻訳書「電磁理論」[11] で
"Radio Waves" は「電波」ではなく「無線波」と訳されている。原著は
1941 年に出版された Stratton 執筆の「Electromagnetic Theory」[12] である。
第二次大戦で重要な役割を果たした μ 波レーダー（電波標定機：旧日本
陸軍用語）の研究開発に必須であった、Maxwell 方程式とその応用の理
論解析を取り纏めた名著の一つである。戦時下、分厚い原著の短期間の
翻訳であるが正確な訳語である。

(2) 電波の生みの親は Hertz

　今日「電磁波」の最初の発見についての通説は、「Maxwell がその存在
を数学的に推測（予言）した後に Hertz が検証した」となっている。しか
し正確に言えば、Maxwell は、「光は "Electromagnetic disturbance in the
form of waves：波の姿をした電磁擾乱"である」[9],[13] と予言したので
あって、光より遥かに周波数が低い電磁波、つまり radio wave（電波）
の存在までは示唆していなかった。Hertz はこの方程式から（光とは違
って）見えない電磁波（電波）が存在し得ることを推測し、Maxwell の
1864 年の予言から 13 年後（没後 9 年）の 1887 年、電波の発生と検出に
必要な実験機器を考案制作して見事にその存在を実証した。このことが
その後の様々な電波利用の創出を可能にしたものであり、Hertz の功績
は極めて大きい。

Q.2-1 の参考文献

[1]『Information and Communication Policy Site/Acts, Radio Act（No.131 of
　　1950)』, 総務省ホームページ（英語版）.
[2]『英・和・独・露　電氣述語大辞典』, オーム社, 昭和 45 年第 2 版.
[3]『新和英大辞典』, 研究社, 1984 年第 10 版.
[4]『google 翻訳』
[5]『新英和大辞典』, 研究社, 1984 年第 4 版.
[6]『ARTICLE 1 Terms and definitions, 1.5』, ITU, 1992.
[7]『CCIR / ITU-R Study Groups celebrate 90 years』, ITU.

[8] 『電 氣 譯 語 集, A VOCABULARY OF ELECTRICAL TERMS IN ENGLISH AND JAPANESE』BY K. ITO,　TOKIO, 1893.

[9] 『A Dynamical Theory of the Electromagnetic Field』,　By Maxwell, James C., 1865.

[10] 『Electric Waves –being Researches on the Propagation of Electric Action with Finite Velocity through Space』,　By Dr. Heinrich Hertz, 1893.

[11] 『電磁理論』,　桜井時夫訳 , 日本社,　昭和 18 年初版 , 1943.

[12] 『Electromagnetic Theory』,　By J. A. Stratton , McGrawHill, 1941.

[13] 『A Treatise on Electricity and Magnetism』,　By Maxwell, James C., 1873.

Q.2-2

電波・電磁波の基本的性質は？

電波・電磁波の基本的性質について、それらを特徴づける主なパラメータと物理的な作用、生体への影響などの基本事項を解説する。

Q.2－2－1　電波は電磁波の一部分の呼称

　日本の電波法が「電波とは、三百万メガヘルツ以下の周波数の電磁波をいう。」と規定するように、電波は電磁波の一種または一部であり電磁波全体を意味しない（Q.2-1-2 及び図 2-1 を参照されたい）。日本ではこの三百万メガヘルツという上限周波数を法律で定めているが、世界的には主として無線通信への適用性の観点から決められる時代により変更されてきた。例えば 1993 年版の米国 IEEE（Institute of Electrical and Electronics Engineers：電気電子技術者協会）の用語辞典 [1] は上限周波数を 100 GHz（同書の radio wave の項では 1 THz）とし、電気的な増幅が可能なことが理由とされるが、1997 年版では 3 THz に拡張している。"Radio wave" または "Radio" の用語は無線通信への利用という意味を含んでいる。このように用途の違いから電波が電磁波から分けられてきたが、この他に生体への影響も考慮されていることは余り知られていない。IEEE 用語集（1993）における radio frequency の記述に "The frequency in the portion of the electromagnetic spectrum that is between the audio-frequency portion and the infrared portion." とあるのはこの理由からである。

Q. 2−2−2　電磁波とは？

（1）Maxwell 方程式が電磁波の身分証？最初は光の正体を知るための概念

　電磁波とは「電磁場の周期的な変化が真空中や物質中を伝わる横波」と広辞苑に説明される。電磁波の全体像（図2-1）に示すように電波の他、光やＸ線など様々な電磁的波動の総称が電磁波であり、この説明は最も基本の概念であり、具体的性質を知るためにはより掘り下げた知識が必要である。

　人が「電磁波」の存在を知ったのは Maxwell が「光は電磁波の一種である」と数学的に予言（Predict）した 1864 年（当該論文 [2] の出版は 1 年後）からになる。これは Maxwell 方程式と呼ばれる。光の他にも例えば落雷に伴う電波雑音、紫外線など自然界には多くの電磁波が太古から存在するが、それらも Maxwell 方程式が無ければ分からなかった。光電効果などの電離作用（Q.2-2-3、Q.2-3-3）に関わる性質は扱えないが、現代でも電磁波の基本的な性質は概ね Maxwell 方程式から導出できる。電磁波全体を扱ううえで Maxwell 方程式は現在でも最も重要な基礎理論である。

　従って "電磁波がどのようなものであるか" を理論的に理解するために、Maxwell の数学的予言に戻ってその物理的意味を見直すことが重要である。

（2）変位電流仮説が電磁波を見つけるカギとなった
　　基本的な性質が Maxwell 方程式から分かる

　電池の両極を結ぶ電線が僅かでも切れていると電流は流れない。しかし、時間変化する電圧がコンデンサーのように離れた電極 A-B 間に印加すると、時間変化する電流が流れる。この現象を当時は静電気の充放電のメカニズムで説明していたが、それでは電流の連続性と矛盾することから Maxwell は、その電極間の空間に「変位電流：Displacement current」が流れるからという仮説をたてた（図 2-8）。「変位電流」とは電極間の何も無い空間に形成される「電界（正確には電束）の時間変化」である。彼はこの仮説を入れた電磁気の方程式（Maxwell 方程式）を提唱

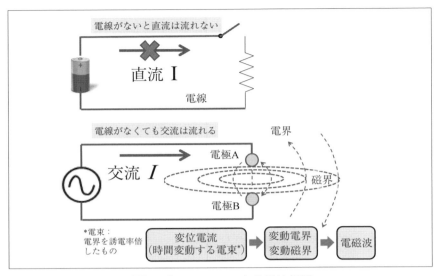

〔図 2-8〕Maxwell の変位電流仮説

した [2],[3]。それらから波動方程式を導出して、電荷や電流の無い空間
においても「電磁界の波動」（彼は Electromagnetic disturbance：攪乱と呼
んだ）が単独で存在できることを数学的に示し、それが光の正体である
と予言した。彼は「放射熱（radiant heat）を含む光が光速をもつゆえに
Electromagnetic disturbance と結論づけられる」と記述している。

　図 2-9 に示すように、電磁気の法則にさらに変位電流という一つの項
を追加した４つの式が Maxwell 方程式である。変位電流を入れたことで、
j=0 すなわち電流の無い空間でも磁界が存在して４つの式が電界と磁界
で対象（双対の関係）になり、それらを数式処理することで「波動方程
式：電磁波の方程式」が導出できる。この方程式の解として、数学的に
光速度を持つ波動の存在が予言される。この予言の妥当性は様々な実験
結果と符合することで証明された。変位電流仮説がもたらした偉大な成
果である。

　彼の死後、Hertz が「光より周波数の低い電磁界の波動」の発生と検出
に成功した（1888 年：図 2-2）。Q.2-1-3（3）に述べたように、このとき

Maxwell 方程式
$$\nabla \cdot D = \rho \qquad \text{(1)：ガウスの法則（クーロンの法則）}$$
$$\nabla \times E + \frac{\partial B}{\partial t} = 0 \qquad \text{(2)：ファラデーの法則}$$
$$\nabla \cdot B = 0 \qquad \text{(3)：ガウスの法則}$$
$$\nabla \times H + \frac{\partial D}{\partial t} = j \qquad \text{(4)：アンペールの法則} \quad \boxed{+変位電流仮説}$$

$D = \varepsilon E$：電束密度、 E：電界強度、 B：磁束密度、 H：磁界強度、 ρ：電荷密度、
j：電流密度、 ∇：位置の微分演算子ナブラ、 $\frac{\partial D}{\partial t}$：変位電流
ρ と j を共に0とし、式を変形、代入などして波動方程式が導出できる．

波動方程式
$$\nabla^2 E(t, x, y, z) - \varepsilon_0 \mu_0 \frac{\partial^2 E}{\partial t^2} = 0 \qquad (5)$$
$$\nabla^2 B(t, x, y, z) - \varepsilon_0 \mu_0 \frac{\partial^2 B}{\partial t^2} = 0 \qquad (6)$$
$$\varepsilon_0 \mu_0 = \frac{1}{c^2} \qquad (7)$$

(5)と(6)から、電界と磁界が真空中を伝搬する波動となることが分かる。
ε_0 と μ_0 は真空中の誘電率と透磁率であり、(7)はこの波動の速度が波源と
無関係に光速度cとなることを示す。

〔図 2-9〕Maxwell 方程式と波動方程式

Hertz はこの波動を「空間の電磁波（Electromagnetic waves in air）」と「電流に付随する電気波（Electric wave）」の二つのタイプに分けた [4]。

(3) 電磁波は空間を伝搬する電磁界の横波

　「空間の電磁波」は、①変動する電界と磁界で形成され、②（何もない）空間を光速度で伝搬し、③電界と磁界の力の向き（ベクトル）が波の進行方向と直角な面内に互いに直交して存在する"横波"である、という性質を持つ。多くの専門書で確認できる事項である。波動であるから質量はない。これらの基本的な特徴を理解するために、身近な例として携帯電話のアンテナが放射する電磁波（電波）の様子を図 2-10（1）、（2）、（3）に示して解説する。単一周波数で連続的にアンテナから外の空間に伝搬するという理想モデルであり、携帯電話筐体の影響などは無視している。

　図 2-10（1）、（2）は中心の線状アンテナから外に向かって伝搬する電

磁界が伝搬方向に対して直角な面内で振動する様子を示す（横波の特徴）。図 2-10（2）は電界ベクトルの大きさと向きを矢印で表すが、線が太くまた周囲の色の濃いところが電界の大きいことを意味する。アンテナの上下方向で電界ベクトルが徐々に消失していることに注目して欲しい。矢印は電気力線に相当し、長さが有限の弧の形状となるが、アンテナからの距離が遠くなれば直線に近くなり平面波と呼ばれる。このような性質が「（何もない）空間を伝わる電磁波」の特徴である。図 2-10（3）は Maxwell 方程式を使って計算推定した電界分布例であり、色の濃淡並びに矢印で大小を表現しているが、図 2-10（2）とは違って色の濃い部分が電界の小さいところになる。なお、伝搬方向に垂直な単位面積を通過する電磁エネルギー（電力束密度）はアンテナ（電磁波の発生源）からの距離の二乗に反比例する。ここで“何もない空間”とは空気中や真空中を意味し、それ以外の例えば液体中など何らかの媒質中であれば速度は光速より低下する。

　また変動する電界と磁界に同量のエネルギーがあるので、「電磁波は空間を波として伝搬する電磁エネルギー」という見方もできる。この電

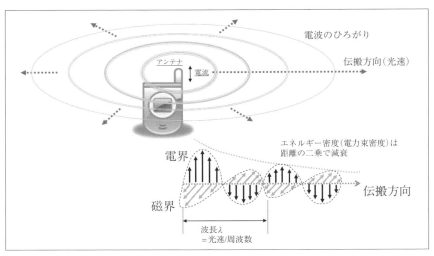

〔図 2-10〕電波のポンチ図例－（1）携帯電話から発射される電波の電磁界－

磁エネルギーは電磁波の進行方向に流れることから向きと大きさ（単位時間・単位面積当たりのエネルギー流量）を持つポインティングベクトルという概念で表すことができる（図2-10（2））。このことから電磁波

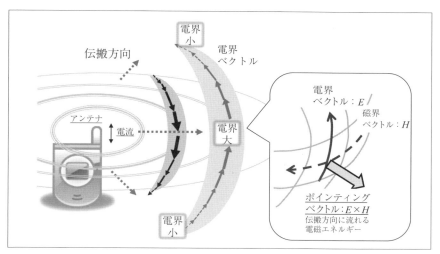

〔図2-10〕電波のポンチ図例－（2）携帯電話電波とポインティングベクトル－

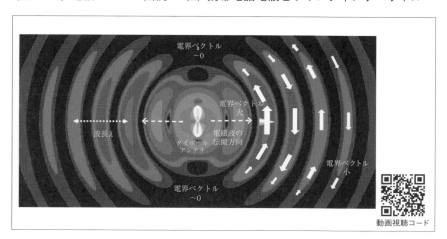

〔図2-10〕電波のポンチ図例
－（3）ダイポールアンテナから放射する電波の電界分布－
－ Maxwell 方程式による計算シミュレーション：大小を濃度／矢印で表示－

は「アンテナ等の波源から外に向かって光速で拡散する電磁エネルギー」という理解ができる。しかし電磁的作用を起こす実体はあくまでも電磁界ベクトルであり、例えば電界は電荷（例えば電子）に波の進行方向と直交する方向に力を及ぼし、磁界は導体に電流を誘導する。

　ポインティングベクトル S[W/m^2] は、電界 E と磁界 H により S=E×H で定義される。これは単位時間に単位面積を通過する電磁エネルギーに相当し電力束密度に一致する（Q.2-2-3 (2) を参照されたい）。物体や生体が電磁波にばく露して電磁エネルギーを吸収するとき、その吸収エネルギーはポインティングベクトルが元になる。なお、電磁波と電気波のポインティングベクトルの違いについて図 2-6 に示したので参照されたい。

　ホーンアンテナは電磁波を特定方向に集中して放射することができる。この場合、電磁界、ポインティングベクトルの伝搬する様子はどうなっているだろうか？ Maxwell 方程式を使って数値計算した例を図 2-11

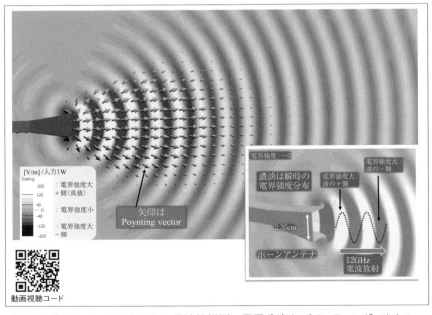

〔図 2-11〕ホーンアンテナからの電波放射例−電界分布とポインティングベクトル−

に示す。同図から分かるようにポインティングベクトルの矢の向き（電磁エネルギーが流れ）が電磁波の伝搬方向と一致する。同図での電界分布は、見易くするために便宜上＋側と－側を区別して表示しているので注意して欲しい。電磁界は伝搬方向と直交する面内に存在する直線状のベクトルとなる。ネット情報などに電界をループ状の閉じた電気力線で表示するなどした不正確な図が見受けられるので注意して欲しい。

　なお、同軸線路や導波管などの人工的なガイド（導体などで構成された線路）に沿って伝搬する電磁的波動が存在し電磁波と呼ばれる場合がある。しかし ITU の電波（Radio wave）の定義ではそれらが排除され、また Hertz の著書に従えばそれらは Electric wave となるので、本書で扱う電波と電磁波は「ガイドなしに空間を伝搬する電磁波」と位置づけることとする。

－「付記 1」－

Hertz は彼の著書『Electric Waves』[4] で電磁界の伝搬を "Contiguous propagation is the action through a medium" と述べている。"Action through a medium" は近接作用と訳されるが、電磁波は電流源による遠隔作用（Remote action）ではなく媒質（エーテル）による力が連続して伝搬する近接作用という意味である。電流源から独立した存在ということである。これに対して遠隔作用の考えは、例えば電界は＋電荷を始点、そして－電荷を終点とする電気力線で表現されるが、電荷のある波源から遥か離れた空間の電磁波にこの考えが成立しないことは明らかである。現代科学ではエーテルの存在は否定されているので、何もない空間を伝搬し、かつ質量を持たない（すなわち実体がない）ことから、電磁波は「空間（場）に存在する何か」ではなくて「その空間（場）の一つの性質」と解釈されている。詳細は関連の専門書を参照されたい。

－「付記 2」－

Maxwell 方程式が示唆する「電磁波の速度は光速度」という性質は Einstein が特殊相対性理論を考え出すもととなった。　波動方程式は座標

系（測定場所）の運動（等速運動）と無関係に成立し、速度も測定場所の運動によらず不変である。例えばアンテナから発射された電磁波を、光速度に近い速さで電磁波の伝搬方向に等速運動している場所で測定しても、その速度は光速度となると方程式は示唆する。しかし単純に考えれば、運動しているその場所の速度分だけ電磁波の速度が光速度より低下しそうである。様々な実験研究の結論はMaxwell方程式の予測を支持し光速度は不変と確認された。特殊相対性理論はこの結論を裏付ける考え方であり、速度の異なる二つの場所での時間の進み方にずれが生じるというものである。電磁波がどこから来たものであろうと、それをどこで測定してもその速度は光速度で一定である。ただし液体などの媒体中では速度低下が起きる。このようにMaxwell方程式はある種の普遍性を持つので、電磁波の生体作用を検討する際のバイブル的理論と位置付けて良いだろう。 またそこには特殊相対性理論という別の考え方を創出するヒントが内在していた。興味のある読者は関連の資料を参照されたい。

（4）光の粒子性とは？

　「光は電磁的波動」というMaxwellの予言から約40年後の1905年に、Einsteinは「光は粒子のようにつぶつぶになって空間に存在する」という光量子仮説を提案し、粒を光量子（Light quantum）と呼んだ。21年後、G. N. Lewisによって光子（Photon）と名付けられ標準用語となった。電磁波（光）の照射が金属表面からの電子放射を生じるという光電効果のメカニズムとしての理論である。電磁波は波動と粒子の二つの性質を持つということになる。電磁波には質量がないので光子も質量を持たない。極めて多数の光子の集合が電磁波を形成するという一つの考え方でありMaxwell方程式では説明できない。この光量子仮説は後述する 電磁波の電離作用並びに生体影響の非熱作用を検討する際に必要となる（Q.2-3-3を参照されたい）。光より遥かに周波数の低い電波にこの理論を適用して、電波のばく露でも極めて小さい確率で電離作用が起きるとする主張もあるが、無理なこじつけのように思える。

・特殊な粒子性：

　光電効果の特徴に、・瞬間の出来事（光が金属に当たった瞬間に電子が飛び出す）、・応答が離散的（光の強度を増すと、電子のエネルギーは変わらず数が増える）、がある。これらは、光の粒子性（光子）を仮定すると衝突メカニズムで明快に説明できる。しかし、粒子の古典的説明は、・大きさが確定、・空間的局在性（拡散しない）、・エネルギーと運動量が確定、ということであり、"質量を持たず"かつ"拡散する（ホイヘンスの原理）"という電磁波の基本性質と矛盾する。そこで、光子は光電効果やコンプトン効果など、電子・イオンとの直接的なエネルギーのやり取りの際に"粒子のようになる"電磁波と理解される。言い換えれば、電磁波は基本的に波動であり、粒子性は光電効果や電離などの周波数依存の作用を解釈する理屈として必要なものと言える。

　光電効果は様々な分野、機器に利用されている。その一つの太陽電池は 300 THz 程度の近赤外線（1.12 eV）でも動作するから、300 THz 付近が光電効果の最低周波数と考えられる。なお、電磁波照射を受けた物質からの電子放出現象に関して光電効果以外にも幾つかのメカニズムがある。その一つが熱電子放出であるが、電磁波の直接作用ではない（物質の温度上昇により電子の運動エネルギーが増大（熱励起）して起きる）。

　粒子性が強いと思われる γ 線でも自己干渉性（光子１個が二つのスリットを同時に通過して干渉縞（二つに分かれた証拠）を作ること：ヤングの実験）があり、また二つの光子が交差しても素通りする（衝突しない）という明確な波動性が観測される。このように光子とは古典的な定義による粒子とは別物である。なお、光電効果やコンプトン効果のメカニズムは、条件付きであるが粒子性と波動性（Maxwell 方程式）のいずれを用いても説明出来るとの報告 [5] がある。さらに発展して簡明な理論的解釈が将来示されることを期待したい。

・光子の実体は？：

　ネット上の専門家の解説に、"エネルギーはひと固まりだが、空間的にはそうでない"、"あるのは量子性で粒子性はない"、"数 cm 〜数 m の

切れ端のようなもの"、"光子という点状粒子の概念は 現実ではあり得ない"、などがある。良く分からないので実験報告 [6],[7] を見ると．単一光子によるヤングの実験の干渉縞の縞数は 3〜9 と確認できるから、この場合の単一光子は 2〜5 波長で構成されるパルス的電磁波（切れ端）と解釈しても良さそうである。推論ではあるが参考に述べた。

・瞬間の出来事：

　光電効果の起きる時間、すなわち「光が金属などに照射してから、そのエネルギーを電子が吸収して運動エネルギーを増大し表面から飛び出すまでの時間」については、「時間的な遅れはない」、「光が当たった瞬間と電子が飛び出す瞬間にずれはない」、「当てた瞬間に電子が飛び出す」といった解説が見られる。しかし、近年観測が可能になり、実験報告『Absolute timing of the photoelectric effect』[8] によれば、その時間は 40 〜 100 attosec（attosec$=10^{-18}$ sec）とされる。照射光は極紫外線で波長は 1〜10 nm、すなわち 1 周期が 10 attosec 程度であるから、瞬間とはいえ数波長分の光が吸収される「極めて僅かな時間遅れがある」ことになる。

　しかし、この極紫外線の波長が数 nm、また原子の大きさが 1 nm 程度ということ、進行方向と直交する面での電磁界の広がりは波長より一桁以上大きいことを考えると、その空間に広がった電磁波エネルギーが瞬間的（数十 attosec 以内）に微小な電子の運動エネルギーに変わるという現象が起きていることになる。これは理屈では光速より早い現象であり、Einstein が表現した "Spooky action at a distance（不気味な遠隔作用）" という疑問にも関係するかもしれない。この類の疑問は、Hertz の電気波にも（Q.2-2-2「付記 1」参照）関連するだろう。謎は残るが、この先は場の理論、量子力学等の専門書を参照されたい。

− 「付記 4」 −

・Einstein の発想法？：

　「光量子仮説」と「（特殊）相対性理論」は共に電磁波の本質に関わる最も重要な理論とされる。前者は "電磁波が波動と粒子の性質を併せ持つ" と示唆し、光電効果（電離・非電離）のメカニズムを解明して量子力学

へと発展した。また後者は“光速不変の原理から時間と空間の尺度は相対的”であること、さらに“質量とエネルギーの等価性”を明らかにし核エネルギー利用の道を開いた。各理論には“波動と粒子”並びに“時間と空間”という完全に独立と思われる２つの事象を大胆に関連づける“天才的な発想”が感じられる。この非凡なる思考の源を探ろうとする様々な資料がネット等で見つかるが、ここでは“博士の言葉（ネットに多くある）”から次の二つを紹介し、Einstein の発想法を推察してみたい。

それらは、① “If you can't explain it to a six year old, you don't understand it yourself.”と② “Imagination is the highest form of research.”である。

しかし実際上①に関して、例えば「相対性理論」を６歳の子供に説明できるだろうか？本当に彼が言ったのか？という疑問を抱く人は多い。この疑問について英語で検索すると、①の言葉は真実ではなくて、本当は“that all physical theories, their mathematical expressions apart ought to lend themselves to so simple a description 'that even a child could understand them.'”「全ての物理理論は数式から離れて子供でも理解できるような簡単な表記に帰すべき」とド・ブロイ（Louis de Broglie）に言ったとの解説が見つかる。これと②から、厳密な数式から離れてシンプルな Imagination を持つこと、すなわち既成の理論や数式の枠にとらわれない“概念的で大胆な想像（水平思考）”が Einstein の発想法の極意？と理解できる。型通りの考え方や解答を最良とする環境ではそのような発想力を持つことは困難かもしれない。

(5) 放射線とは？

電磁波を「電磁放射または電磁放射線：Electromagnetic Radiation」と呼ぶ場合がある。電磁的なエネルギーが空間に放射されること、または放射されるそのものを意味し日本語の放射線と放射はともに英語では“Radiation”の一語である。本書では以下放射線と呼ぶ。

放射線とは何であろうか？その定義は「波動又は粒子の形態で空間や媒質中に放出または伝搬するエネルギー」とされる。身の回りの自然界における代表的な例として図 2-12 に示すように太陽からの放射線、炎

の光や赤外線がある。このほか、大地や我々の体からも温度に起因する
微弱な電磁擾乱の放射、宇宙や放射性物質などからの各種放射線が存在
する。放射線は「電磁放射線」と「粒子放射線」に大別される。エネルギ
ーを伝搬する主体が「質量を持たない」か「質量を持つ」かの違いであ
る。また炎の光や赤外線は熱放射と呼ばれ、高温状態で運動する荷電粒
子が発生する電磁波である。

　物質などに対する放射線の作用はそれが持つエネルギーに依存する。
特に、原子分子レベルの影響に関して「電離を起こすかどうか」が重要
な検討事項となる（Q.2-3-3、Q.2-5-4 を参照されたい）。

　図 2-13 は電離・非電離の観点から分類した放射線の種類を示す。電
磁放射線（電磁波）は強度によらず光子エネルギーの違い（周波数の違
い）から明確に分けられる。粒子放射線（アルファ線、ベータ線など）
は電離放射線とされる。エネルギーの小さい電子線も電離性を持つとさ
れるが何らかの条件でのことかもしれない。他に重力波、音波も放射線
と呼ばれる場合がある。1MHzの超音波が励起作用（OHラジカルを発生）
を示すとの報告がある [9]。なお、日本では過去において「放射」は「輻
射：ふく射」と呼ばれた。

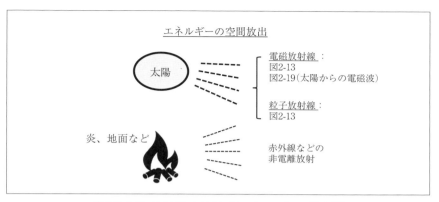

〔図 2-12〕放射線 / 放射（Radiation）の概念図

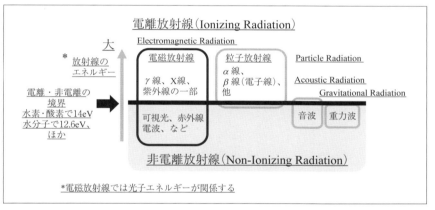

〔図 2-13〕放射線 / 放射（Radiation）の種類

Q. 2−2−3　電磁波を特徴づける要素

　電磁波は電磁界で構成される横波であり電磁エネルギーの実体は変動する電磁界である。ここでは電磁波を特徴づける電磁界パラメータや基本的性質について重要と思われる事項を簡単に説明する。詳細については専門書などを参照されたい。

(1) 電界、磁界とは？「界」と「場」は同じ意味

　「界」と「場」の二つの表現があるのは日本だけであり、明治時代に英語の「Field」を工学系が「界」、理学系が「場」と別個に翻訳した以降統一されていないためである。「Field」は「ある場所（空間）」という意味であり、電界とは例えば電子などの電荷に物理的な力が働く性質を持った場所で、磁界も同様に磁石などの磁荷が力を受ける場所ということである。その場の物体、物質、生体に電圧や電流が誘起されることになる。電磁波は前述したように「（同時に存在する）電界と磁界のエネルギーの波動」であるから、電磁波が通過する任意の場所で電界と磁界を同時に観測することができる。それらは「電界強度」と「磁界強度」と呼ばれ、それらを $E[V/m]$ と $H[A/m]$ とすれば $E=120\pi \times H$ の関係が成立する。ただし、これは所謂自由空間と呼ばれる妨害物のない真空中や空気中で一つの方向に進む電磁波が持つ性質であって、向きの異なる二つ以上の電磁波が重なって存在する場合、例えば金属壁などで反射波が生じて入力波と重なるときは電界と磁界が1/2波長の間隔で独立して観測される。これは電界や磁界の場所的パターンが一定になるため定在波と呼ばれる。

(2) 電力束密度とは？

　電界と磁界が運ぶ電磁エネルギーはある場所での単位面積（電磁波のばく露面）当たりの通過電力（単位時間の電磁エネルギー）で評価するのが便利であり、これを電力束密度 $p[W/m^2]$ と呼び $p=E \times H=E^2 \div 120\pi=120\pi \times H^2$ の式で求められる（単純に「電力密度」とも呼ぶが、通過量の意味を持つ「電力束：power flux」が正確である）。但し、通常は

平均時間が測定法などに関連して決められる。電力束密度は伝搬方向に単位時間に移動する電磁エネルギーであるから、その時間が当該電磁波の1周期の場合にはポインティングベクトルの大きさに一致する。ダイポールアンテナは最も基本的なアンテナの一つであり、各種の無線機に広く使用されている。そのダイポールアンテナから放射される電磁波（電波）について、電磁界、ポインティングベクトルの関係を図2-10（2）に示している。

（3）SARとは？

　生体作用を起こす電磁波の最も重要な基本因子は生体が吸収する電磁エネルギーである。

　一般に電磁波に暴露した生体が吸収する電磁エネルギー量は生体各部で異なり、3次元的な分布となる。図2-14は携帯電話からの電波を人体頭部が吸収する場合について、その分布を計算推定した一例である。

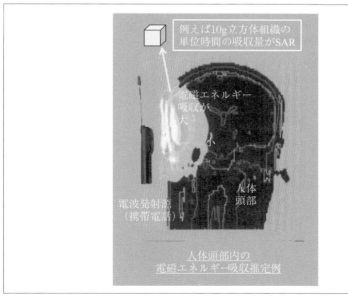

〔図2-14〕SARの計算図

同図に SAR のポンチ図も示す。頭部内で携帯電話アンテナに近い部分
で吸収量が大となっている（色の薄い部分）。単位質量について、単位
時間当たりの吸収エネルギー（単位は電力となる）を評価する量として
比吸収率（SAR: Specific Absorption Rate）が、またその時間積分として比
吸収（SA: Specific Absorption）が用いられる [10]。数式の定義は次のよ
うになる：

$$\text{SAR[W/kg]}=（単位時間当たりの電磁エネルギー吸収量）/（当該部の質量）$$
$$=d(dW/dm)/dt=d(dW/\rho\,dV)/dt=\sigma|E|^2/\rho.$$

　ここで、dW: 吸収エネルギー [J]、dm: 質量 [kg]。dV: 体積、ρ: 密度、
σ: 導電率、|E|: 当該部での電界強度実効値、dt: 時間微分、である。質
量 dm に関し理論としては無限小を考えるが、実際上は生体内の電磁波
の波長と生体組織の温度上昇分布,測定器の実現容易性などを考慮して、
10 GHz 程度までの電波では 1 g または 10 g の立方体が推奨されている。
また dt に関し 1 秒、6 分、30 分などの平均時間が使われる（Q.2-5-1 参照）。
ここで「比：specific」は質量比を、「率：rate」は時間率を意味する。

　実際上、電磁波の周波数（波長）と電力束密度、偏波（電界の向き）、
生体への入射角度、さらにばく露の局所性（例えば携帯電話アンテナに
近い側頭部）などの違いによって吸収エネルギーは生体各部で不均一な
分布となるため、全身平均 SAR_W と局所 SAR_L の二つの評価が必要であ
る。全身平均 SAR_W は生体全体の吸収量を評価するもので全身体温に関
わる熱作用に関係し次式で与えられる：

$$\text{SAR}_W\,\text{[W/kg]}=[\text{平均時間内に全身が吸収した電磁エネルギー}]/[\text{体}$$
重・平均時間]、人体での平均時間は通常 360 秒（6分）。

　また SA はある時間内での吸収エネルギー量 [J/kg] であり、例えば 6
分間の積分は体温上昇の立ち上がりに関係する（Q.2-5-1 参照）。なお、
電力束密度 $[\text{W/m}^2]$ は生体に照射する電磁波のエネルギー（単位時間当
たり）であり、この一部が生体内部に吸収される。表皮効果が強く表れ
る高周波電磁波の場合、吸収エネルギーは生体の表面に集中するので電
力束密度や電力密度がばく露評価の指標として用いられる（Q.2-2-3
(7)、Q.2-7-1（5）参照）。

(4) 実際のばく露量はどのくらいか？

　最も基本的な例として、携帯電話（ダイポールアンテナでモデル化）から放射される電波がアンテナから離れるに従ってどのようになるかについて Maxwell 方程式と計算機を使ってシミュレーションした結果を図2-15（1）、（2）に示す。（1）は周囲空間に反射物体などがなくて無限に広がる理想的な自由空間であり、（2）は四方を金属壁で囲まれた空間（エレベータ内など）である。周波数は 1 GHz であり、時間を止めた静止画である。実際は動的となるから図2-15（1）の電界パターンはアンテナから外に連続的に流れ、また図2-15（2）のパターンは定在波であって殆ど変化しない。図2-15（1）からアンテナ放射が人体によって減衰されること、また図2-15（2）から電界分布が散乱して電波の放射方向が定まらないことが分かる。これは壁での反射波の存在に依る。この計算シミュレーションはアンテナ、人体などを数値モデル化して FDTD 法と呼ばれる計算アルゴリズムを使って求めた。FDTD法については専門書を参照されたい。

　これらのモデルに対して、自由空間にアンテナだけが存在するような

〔図2-15〕携帯電話電波の計算シミュレーション－（1）自由空間モデル－

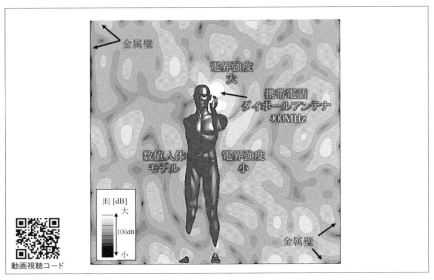

〔図2-15〕携帯電話電波の計算シミュレーション
― (2) 金属壁に囲まれた空間モデル―

　理想的な条件では、図2-10 (3) のように電波は上下のつぶれた球面に近い放射形状で空間に伝搬する（池の水面に生じる同心円の波を思い浮かべて欲しい）。そこでアンテナからかなり離れた距離 r[m] の場所での電力束密度 $p[w/m^2]$ は r^2（球の表面積）に反比例した値になる。つまり距離が2倍になれば p は 1/4 に減衰する。しかし、アンテナに接近した領域（近傍界と呼ばれる）ではそうならないので注意して欲しい。このような理想的条件でのダイポールアンテナからの放射電界強度の距離特性を計算して図2-16に示す。アンテナ利得は理想値の 2 dBi としたが、実際の携帯電話ではこれから 2 dB 程度低下する（専門書を参照されたい）。図から例えばアンテナ入力が 0.1 W のとき、距離 r が 1 m での電界強度、電力束密度はそれぞれ 2 V/m 及び 1.1 μmW/cm^2 程度となることが分かる。図2-15 から分かるように実際の放射特性は理想状態からずれる。図2-16 の数値は実際のばく露状況を大まかに把握する資料として利用して欲しい。
　また身近にある様々な電磁放射源と電力束密度の例を表2-2に示す。

晴天時の太陽からの照射電力束密度は約 100 mW/cm² であるが、これを
直視することは網膜を傷つけるなどの影響があるのでこの数値が電波・

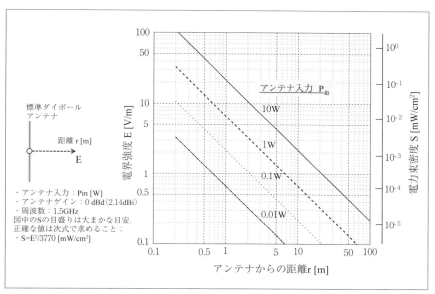

〔図 2-16〕ダイポールアンテナからの放射電界強度と電力束密度－理論値－

〔表 2-2〕身近な電磁波源と電力束密度の例

放射源（アンテナ入力）	放射源からの距離 / 評価場所	電力束密度測定例など
晴天時の太陽	地上（海岸）	約 100 mW/cm²
100 W 電球 （放射効率 100%）	30 cm 10 m 30 m	10 mW/cm² 0.01 mW/cm² 0.001 mW/cm²
電子レンジ	正面から：5 cm 1 m 10 m	5 mW/cm² 以下 0.03 mW/cm² 以下 0.003 mW/cm² 以下
短波電波塔 *（約 300 kW）	地上約 140 m	1 mW/cm²
中波電波塔 *（約 500 kW）	約 500 m	0.1 mW/cm²
TV 電波塔 *（約 400 kW）	約 500 m	0.01 mW/cm²
携帯電話基地局 ** （約 32 W）	地上約 20 m	0.0003 mW/cm² （0.3 μW/cm²）
満月	地上	0.1 μW/cm²
宵の明星	地上	0.1 nW/cm²

脚注 *：『電波利用施設周辺における電磁環境に関する研究会報告』、旧郵政省、昭和 62 年 7 月.
　　**：『電波と安心な暮らし』、総務省発行パンフレット、2011 年 10 月.

電磁波の健康影響を生じ得る一つ目安となる。宵の明星の 0.1 nW/cm を
人は見ることが出来る。この電力束密度値は無線受信器の標準的感度と
ほぼ同等であり、網膜がこのように高感度な光検知機能を持つのは光受
容体による（Q.2-4-2（2）参照）。なお携帯電話基地局や携帯電話端末か
らの電磁界強度や SAR についての情報は総務省や電波産業会電磁環境
委員会のホームページから入手できる。

　複数のアンテナからの電波が同じ場所に照射される場合には、一般に
それぞれの電波の周波数が違うので総合の電力束密度は個々のアンテナ
による数値を加え合わせたものとなる。

　なお例えば送電線の周囲空間においては周波数が 50 Hz、60 Hz とい
った電界と磁界が形成されるが、これらは Q.2-2-2 の定義では電磁波で
はない。電界と磁界が独立して存在するのでばく露強度の評価は別個に
行うことになる。

(5) エレベータ内などでのばく露は？

　図 2-15（2）に示すように、金属壁などで囲まれた空間では複数の反
射波が生じるため、アンテナからの距離とは殆ど関係ないようなばく露
強度が生じることがある。図 2-15（2）は、標準サイズのエレベータ内
に大人が一人存在する空間を想定している。同図から分かるように携帯
電話の直近の近傍界領域での強度が最大で、アンテナから数 cm 程度以
上離れた位置では距離と殆ど無関係な分布となっているが、その最大値
はアンテナ直近での数値を超えることはない（この距離の関係は周波数
で変わる）。また人体の局所 SAR_L の数値は自由空間における場合よりも
20 ％ 程度しか上昇しないことが確認されている [11]。

　全身平均 SAR_W については最大値を容易に推定できる。最近の携帯電話
の最大出力はいずれの方式でも概ね 0.2 W 以下であるから、その電波の全
電力がエレベータ内の一人の子供（体重 20 kg）に吸収されると仮定しても
全身平均 SAR_W は 0.2[W] ÷ 20[kg]=0.01 W/kg であり指針値の上限（0.08 W/
kg）を超えない。成人（体重 60 kg）であればその 1/3 の 0.003 W/kg でし
かない。

エレベータや電車内など金属壁で囲まれた空間において、携帯電話数が増えれば強い電磁界ばく露が生じると懸念されたことがある。しかしこれは不正確な憶測であり、実際は携帯電話数が増加しただけ使用者（人体）数も増えて、その空間内の電磁波を減衰させるのでむしろ逆に空間内に形成されるホットスポットの強度は低下する。複数の携帯電話を一か所に纏めて同時に使用するというような特殊な状況でない限り、植込み型心臓ペースメーカーへの干渉を含めて人体への影響について特別な注意が必要とはならない。このことが計算シミュレーションと実験で確認されている [11],[12],[13]。　なおホットスポットとは図2-15（2）における電界分布のように、アンテナから離れた位置で高い電磁界が生じる場所を言う。

(6) 周波数、波長とは？

　基本的な線状アンテナからの電磁波の放射例を図2-10（1）、（2）、（3）に示した。ある時間に観測される空間的な電界変化の状況を示すもので、図2-10（1）、（3）にあるように波長 λ[m] とは、繰り返される波形の一つ分の長さを意味する。実際はこの繰り返し波形が伝搬方向に光速度で流れるように進む。ある固定の位置で電磁界変化を観測するときに、一秒間当たりの変化の繰返し数が周波数 f[Hz] であり、その逆数、すなわち繰り返し一回当たりの時間が周期 τ[Sec] である。空気中などの低密度の空間を伝搬する電磁波の速度は光速度 c[m/sec]：約30万km/sec であり、c=f × λ の関係が成立する。

　絶縁体などの高密度の媒質中では一般に速度が光速度よりも遅くなる。周波数は普遍であるから速度と波長 λ がその比誘電率（真空の誘電率との比）の平方根の逆数倍に小さくなる。物質の誘電率は温度や周波数によって変化するが、例えば筋肉の1GHzでの代表的な比誘電率は約50であり、空気中で30cmの波長が筋肉内では4cm程度に短縮する。
・周波数の違いで電磁波は種類分けされる：
　繰返しになるが「電磁波」とは光や電波など個別の名称を持つ電磁的波動に共通する基本的な概念の総称である。「物質」という言葉が「質

量を持って実在するもの（ネット検索など）」という広い意味を持つことと似ている。電磁波は周波数によって性質に違いがあるため、帯域毎に名称が付けられている（図2-1、表2-1）、周波数の高い方にいわゆる電離放射線のγ線やX線などが、そして赤外線より低い方に電波があり、さらにその電波にミリ波、μ波などの区別がある。また米軍のレーダー開発等と関連した呼称に基づくXバンド（約10 GHz）、Kバンド（約15 GHz）、Sバンド（約2 GHz）などの名称も使われている。

・IF（中間周波）とRF（高周波）の特別な定義：

　生体影響に関連した分野に限定して、WHOのInternational EMF Projectは300 Hz〜10 MHzを"IF（Intermediate frequency：中間周波）"、そして10 MHz〜300 GHzを"RF（Radiofrequency：高周波）"と定義しているが、工学分野で従来から使われているIF、RFの定義とは全く違っているので混同しないようにして欲しい。後者は、放送受信機や通信機器に用いられるヘテロダイン方式に関係し、電気信号処理での中間段の周波数をIF、また空間や伝送路を伝搬する信号の周波数をRFと呼ぶ。ITUやIEEEの定義でもそうなっている。通信方式によって例えば数十MHz帯とか数GHz帯がIFとして用いられる場合があり、特定の周波数を意味するものではない。なおヘテロダイン方式は1910年代からの歴史を持つが、WHOの用法は1990年代以降である。

・周波数とエネルギー：

　電磁波が物質などに及ぼす作用は、物質に吸収される電磁界のエネルギーが起こす。そしてMaxwell方程式で表す電磁波の「波動としてのエネルギー」の大きさは電磁界強度や電力束密度で決まり周波数とは無関係である。

　しかし、光のように極めて高い周波数の電磁波が持つ"光電効果（例えば太陽電池に利用されている）"に関しては電磁界強度だけでは決まらない性質があり、そのメカニズムは謎とされていた。この疑問に対して1905年Einsteinは電磁波が波動の性質と同時に粒子性を持つとする光量子仮説を提唱して理論的解決を果たしている。電磁波には質量がないので奇妙な感がするが、電磁波が光子と呼ぶ粒子のようなもの（質量

はないので「粒子相当」が正確）の集合と考える。この光子一個が持つエネルギー（光子エネルギー）は、電磁波の周波数に比例し、光のような高周波において光電効果を含めて電離・励起という原子・分子に関わる電磁波の作用を起こす源となる。つまり電磁波には周波数が関係する「粒子のようなエネルギー」が存在するという理論である（Q.2-2-2 (4)、Q.2-3-3 参照）。

・波長はばく露のエネルギー集中（ホットスポット）の大きさを決定する：
　電磁波のエネルギーが特定の場で急激に増大するホットスポット現象の一例を図 2-15 (2) で示した。これは周波数が同じ複数の電磁波がその場に集中することで生じる。光が凸レンズの焦点に収束する現象と同じメカニズムである。このホットスポットは半径で電磁波の 1/2 波長より狭い空間に形成されることはない。このことは波動のエネルギーが 1 波長を最小単位として存在することからも理解できる。例えば、1 GHz の携帯電話電波のエネルギーは空気中で半径 15 cm 以下の狭い領域には集中できないが、4000 GHz の遠赤外線は 4 μm（15 cm の 4000 分の 1）程度の狭い空間にホットスポットを形成できる。細胞の大きさは 10〜30 μm であるから（図 2-1 を参照されたい）、ある細胞だけに遠赤外線を集中的にばく露することができるが、1 GHz の電波ではせいぜい手のひら全体の範囲にしかエネルギーを収束できない。凸レンズで太陽光線を点状に絞って高温を発生させるようなことは、1 GHz の電波では出来ない。逆に紫外線より高い電磁波は、波長が数十 nm 以下であり原子分子サイズ（0.1 nm 〜 10 nm）となるから原子分子の内部に直接エネルギーを集中できる。細胞自体には影響せずに内部構造の一部を傷つけることになるが、電波は基本的にこのようなミクロな局所的作用を起こすことができそうにないことが分かる。このように波長は電磁波の作用に関する基本的性質を決定づける一つの要因である。以上の議論は波動としての性質からのものであり、電磁波のばく露によって生じる物質や生体内の電流が微小な導電体に集中する場合については別途の検討が必要である。

(7) 表皮効果とは？

・高周波は生体の内部に浸透できない：

　導電性を持つ物体（生体も含まれる）の表面に高周波電波が当たると、高周波電流が誘起されるがその大きさは表面から内部に侵入するほど弱くなる。この現象は「表皮効果」と呼ばれ、電力で評価して表面での値の約 1/10 になる電波の侵入距離を「表皮深さ」と呼ぶ。そのメカニズムは、物体内部の誘導電流が電磁波の磁界を打ち消すような新たな内部磁界を生ずることによる。「表皮深さ」は電波の周波数、物体の導電率と透磁率、に反比例し、一般に周波数が高いほど浅くなる。導電率の高い金属では μ 波などのばく露によって流れる電流はほぼ表面に集中するので、例えば銅の場合の表皮深さは 0.1 GHz で約 7 μm、1 GHz で約 2 μm、10 GHz で約 0.7 μm である。導電性の元となる自由電子が関係するので光にもこの性質がある。

　人体の約 70 % は体液（生理食塩水がほぼ同質）であり、殆どの組織が導電性を持つので「表皮効果」が起きる。例えば、筋肉の表皮深さは 1 GHz と 2 GHz でそれぞれ約 5 cm、約 3 cm である（皮膚もほぼ同様）。更なる高周波では 10 GHz で 4 mm、25 GHz で 1 mm、100 GHz で 0.5 mm 程度となる [14]。従って外部からばく露する電波は、周波数が高くなるほど皮膚表面に吸収電力が集中し内部には侵入しにくい。この性質から、例えば日本の局所吸収指針の 6 GHz 以上では SAR ではなく入射電力密度が導入されている（Q.2-6-1 (5) 参照）。

(8) 人体頭部のホットスポットは？

　表皮効果があっても、人体の形状による共振現象から例えば頭部の内部でホットスポットが形成されることがある。人体頭部を球形かつ均質（筋肉）組成で近似して計算解析したホットスポット形成例が理論推定されている [15]。この推定によれば、ホットスポットが形成されるかどうかは頭部を近似した球の直径で決まる。大人の場合直径は約 20 cm として 1 GHz 付近でしか形成されず、一方子供では直径を約 15 cm とすれば 900 MHz 〜 数 GHz の範囲となる。これは表皮効果により直径が大

きい程中心にホットスポットが形成されにくいからである。球形近似は共振が最も起きやすい条件であるが、実際の人体頭部は球形ではなく組織も不均一なためこの現象は実際には起こりにくいと考えられる。

電子レンジで食品やカップ内の飲料を加熱すると内部がよく温まらない場合があるがこれは表皮効果の影響である。生理食塩水のみならず脱イオン水以外の殆どの水（純水も）にはイオンが含まれる。それが導電性を生むので電子レンジの 2.45 GHz 電磁波で含水性の食材を効率よく加熱することができるが、表皮効果があるので奥まで加熱しにくい。

(9) 共振とは？原子・分子レベルから人、鉄塔まで様々

ラジオ受信機で特定の放送局の電波を選択的に受信できるのは、アンテナ回路がその電波の周波数に共振しているためである。この場合の共振とは、アンテナに誘起される高周波電流と電波の位相が一致するような状況が形成されることであり、1 周期毎の電波はアンテナ回路内の電圧と電流に同期して重なり合い、電磁エネルギーが回路に効率良く吸収される現象である。電波、電気の共振はラジオ、通信の他にも様々に利用されている。

周波数の高い電磁波に対してある種の物質の原子や分子が特定の周波数を吸収する性質を示す（共鳴とも呼ばれる）。電波に関しても分子レベルでの電気双極子の周期的振動による共振を示す物質がある。

また強い磁界との複合ばく露において、電子スピン共鳴（ESR）、核磁気共鳴（NMR）、サイクロトロン共鳴*などの共振現象が発見され測定法や医療検査（MRI）などに応用されている。他にも「電磁波」と「物質、物体」との間に様々な共振による電磁的エネルギーのやり取り（電磁結合と呼ばれる）が起きると考えられる。詳細については専門書を参照されたい。

水分子の固有振動数（共振周波数）は 22 GHz 付近と赤外線領域にあり μ 波帯にはない。電子レンジが水分子の 2.45 GHz μ 波の共振現象を利用しているという説は事実に反する。イオンを多く含む水分の導電性によるジュール熱や誘電損失による発熱が加熱メカニズムである（Q.2-

3-4 を参照されたい）。工業用電子レンジに 1 GHz 帯の μ 波が実際に使われている（主に米国）。また人体や金属物体でも特定の周波数の電波に対して共振現象が生ずる場合がある。その寸法、例えば人体の身長が電波の波長の 1/4 とか 1/2 となる条件で生じる。この影響は防護指針を決める際の根拠の一つになっている [16]。世界の防護指針値が 30 MHz ～ 300 MHz で最も低く設定されているのはこの理由による。また鉄塔や大型クレーンなどの金属構造部が共振アンテナのように振舞って電波の再放射を生じて、本来の電波強度分布を乱す原因になることがある。

＊サイクロトロン共鳴説：

　荷電粒子（自由電子、イオンほか）は磁界中でサイクロトロン運動（円運動）をするが、この角速度に相当する周波数の電磁波を照射すると共鳴（共振）して電磁波のエネルギーを吸収し、その運動エネルギーを増大する。 この現象をサイクロトロン共鳴という。共鳴周波数は磁界、粒子の質量などに依存する。プラズマの高効率な加熱などに応用されている。

　生体内のイオンが様々な周波数の電磁波にばく露される状況を想定すると、地磁気の存在により、イオンの種別に依存したサイクロトロン共鳴周波数の電磁波が選択的に効率よく当該イオンに運動エネルギーを与える可能性が考えられる。地磁気での共鳴周波数は、カルシウム、カリウムなどの生体内イオンで、10 Hz ～ 100 Hz の低周波が基本である（奇数倍の高調波もあり得るとの主張もある）。基本の共振式（ネット情報で見つけられる）で試算すると、自由電子でも 1 MHz 程度である。

　このメカニズムが、カルシウムイオン流出（Q.2-5-5）や細胞増殖や動物行動への影響の要因（非熱作用）となるとの主張がサイクロトロン共鳴説である [17],[18]。さらに飛躍して・細胞膜や DNA など、細胞レベルの損傷を起こし得る、との憶説もある [18]。しかし、他者による追実験で誤差が大きく現象を確定できない [17]、また理論上生体・細胞内で共振軌道（共鳴の必要条件～ 1 m）が成立しえない [19]、等から多くの専門家は共鳴説に否定的である [19]。加えて超低周波 AM 変調成分の電磁界が関与するとの主張 [18] には科学的常識からの逸脱がある（Q.2-2-4 参照）。

Q.2−2−4　変調とは？

　電波が「人工的なガイドなく空間を伝搬し、無線通信に有用な電磁波」と定義されることを先に説明した（Q.2-1-2）。電波を使って音声などの情報を遠く離れた相手に送るために、「電波に情報を乗せる」という表現もされるが、これは周波数の低い情報信号で電波の大きさや周波数（位相）を変化させることを意味する。電波を搬送波（Carrier）と呼び、その大きさなどを変化させる処理を変調と呼ぶ。つまり「乗せる」とは「変調する」ことであり、元の情報と同じ低周波の電波が存在する訳ではない。なお変調電波から情報を再生する処理を復調と呼ぶ。

　変調の方法は様々であり、振幅変調（AM）、周波数変調（FM）、位相変調（PM）などがある。関連してアナログ、デジタル、TDMA、CDMAなど様々な技術があるが専門書を参照されたい。ここで例えば 1 GHz 帯の電波を使う携帯電話の場合、音声情報である数 kHz の電気信号は 1 GHz の電波に形を変えて含まれる。

（1）パルス波とは？

　パルス波は時間的に断続的に送出される電波のことであり、振幅（強度）変調の一種として扱うこともある。デジタル通信やレーダーなどに広く使われ、様々な変調波形があるので詳細は専門書を参照されたい。図 2-17 にパルス波を特徴づける平均電力とピーク電力の基本的な例を示す。平均電力 p とピーク電力（尖頭電力）P の比をデューティ比と呼ぶ。ピークファクタ（またはクレストファクタ）はその逆数であり、図 2-17 の例では 4 となる。後述するように熱作用は平均電力に依存するため、平均電力が同一であれば熱作用は同様と考えられるが、ピーク電力が極めて大きいパルス波では瞬間的に強い電磁界ばく露が起きる。詳細については Q.2-3-5 を参照されたい。

（2）送信電力、平均電力、ピーク電力とは？

　電磁波・電波の作用は第一にその電磁エネルギーの大きさに依存する。一秒当たりに換算したエネルギーが電力であり、例えば、P[Watt] の電

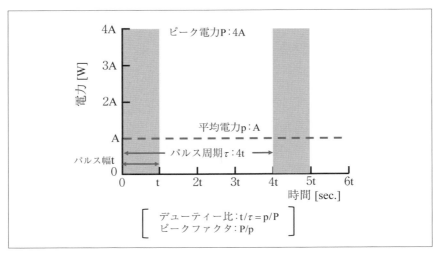

〔図 2-17〕パルス波の一例

　波がある物体に T 秒間照射してその全ての電力が吸収されるとき、物体には P × T[Joule] のエネルギーが入る。通常電波はアンテナから送出されるので、電波の電力を評価する指標として「送信電力」、「空中線電力」、「アンテナ入力／出力」、「実効放射電力」などがある（詳細は専門書を参照されたい）。

　無線通信の電波は変調されるため時間的に電力値は変化する。ある時間内での平均値と最大値をそれぞれ「平均電力」と「ピーク電力」と呼ぶ。非電離放射線である電波が生体に及ぼす作用を考える場合に、電波の電磁エネルギーが生体の温度上昇を生じることで熱作用が起きる。熱作用は電波の平均電力に依存するので、ピーク電力が違っても同じ平均電力であれば生体影響に変わりはないと基本的に考えられる。しかし厳密に考えれば、瞬間的な強い電磁界や電流による何らかの非熱作用が起きて熱作用と複合した生体影響が生じる可能性を否定できない。そのような個々の電波波形（変調）の影響の違いについて実験調査が実際に行われている。

Q.2-2 の参考文献

[1] 『The New IEEE Standard Dictionary of Electrical and Electronics Terms』, 1997.

[2] 『A Dynamical Theory of the Electromagnetic Field』, By Maxwell, James C., 1865.

[3] 『A Treatise on Electricity and Magnetism』, By Maxwell, James C., 1873.

[4] 『Electric Waves –being Researches on the Propagation of Electric Action with Finite Velocity through Space』, By Dr. Heinrich Hertz, 1893.

[5] 例えば, 『光の粒子性・波動性について』, 矢島達夫, 光学 第 20 巻 第 6 号, 1991.

[6] 『短パルス光を用いた単一光子状態におけるヤングの干渉実験』, 浜松ホトニクス, 光学 第 20 巻第 2 号, 1991.

[7] 『フォトンカウンティングにおけるヤングの干渉実験』, 浜松ホトニクス, テレビジョン学会誌 Vol.36, No.11, 1982.

[8] 『Absolute timing of the photoelectric effect』, Nature, September, 2018.

[9] 『ヒドラへの超音波照射の生物学的影響』, 福堀順敏ほか, 滋賀医科大学基礎学研究, 2001.

[10] 『Biological Effects and Exposure Criteria for Radiofrequency Electromagnetic Fields』, National Council of Radiation Protection and Measurements (NCRP) Reports on No.86, 1995.

[11] 『くらしの中の電波 - 調査研究レポート』, 一般社団法人電波産業会 電磁環境委員会ホームページ.

[12] 『Precise Estimation of Cellular Radio Electromagnetic Field in Elevators and EMI Impact on Implantable Cardiac Pacemakers』, L. Harris, T. Hikage, and T. Nojima, IEICE Trans. on Communications, Vol.E92-C,No.9, 2009.

[13] 『電車内の携帯電話電波は蓄積して心臓ペースメーカに強く影響するか？―閉空間電磁界問題とオルバースのパラドックス―』, 野島俊雄, 島田理化技報, No.20, 2008.

[14] 例えば 『The human body and millimeter-wave wireless communication systems: Interactions and implications』, Ting Wu 他, IEEE ICC

2015-Wireless Communications Symposium，2015.

[15]『Dry phantom composed of ceramics and its application to SAR estimation』, Kobayashi, Nojima et.al, IEEE Trans. on MTT, vol.MTT-41, 1993.

[16] 例えば『電波防護指針』，電気通信技術審議会答申 諮問第 38 号，平成 2 年.

[17]『電磁界の生体効果と計測』，電気学会計測技術調査専門委員会編，コロナ社, 1995.

[18]『Cross Currents』, R.O.Becker, Tarcher, 1989.

[19]『Extremely low frequency fields (EMF)』, WHO, EHC Monograph No.238, 2007.

Q.2-3

どんな作用があるか？

・まずは物体・物質への物理的作用：

　電磁波が生体に照射すると、エネルギー保存則に従って、その電磁波エネルギーの一部は生体内部に浸透し残りは反射する（図 2-18）。浸透したエネルギーの一部は内部に吸収され残りは透過する。それらの割合は、その電磁波の特性（周波数、偏波など）、生体の構成物質の性質、電磁波と生体との相互関係（波長と大きさ、形状などとの関係、ほか）に依存する。電磁波エネルギーが生体内に取り込まれたことが要因となって様々な生体作用が起きることになるが、そのメカニズムを考えやすくするために、まずは生体（人体）を構成する物体・物質への作用を考えることが重要である。

　「ばく露」から「生体影響」までのプロセスを 3 ステップに分けて考える（図 2-18）。ステップ 1 として物体に吸収されたエネルギーが「内部物質の状態変化」をまず起こす。表 2-3 は状態変化の具体的な内容を示す。次にステップ 2 として状態変化が物体または物質に何らかの（物理的もしくは化学的）作用を及ぼす。ここではそれらの作用を一括りに「物

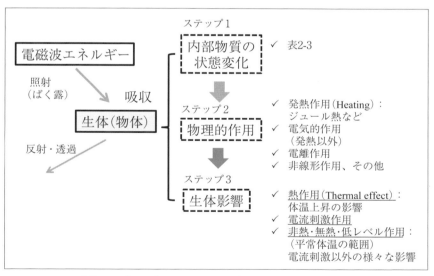

〔図 2-18〕電磁エネルギーの物理的作用と生体影響

〔表2-3〕電磁波で起こり得る物質内の状態変化

物質内の変化	要因となり得る電磁波
自由電子に作用して電流を発生	全電磁波
物質の誘電性・透磁性による分子振動の残留 （熱エネルギー増大）	全電磁波
原子核内の構造変化	γ 線
殻内電子の電離	X 線
外殻電子の電離	紫外線〜
外殻電子の励起	可視光〜
分子・格子振動の誘発	赤外線
分子回転および反転	μ 波〜
電子スピンの状態変化（磁界結合）	μ 波〜
殻スピンの状態変化（磁界結合）	メートル波〜
マグネタイト単結晶などの磁性物質の状態変化（磁界結合）	低周波電波？
水溶液の電子、イオンの状態変化	全電磁波

理的作用」と呼ぶ。そしてステップ3として物理的作用が要因になって複雑な生体影響が発現する。電磁波のばく露から影響発現に至るプロセスは単純ではない。一つの物理的作用が一つの生体作用の原因となる場合や、複数の物理的作用が何らかの生体作用を複合的に起こす要因となる場合がある。また物理的作用と生体影響は比例関係にはならない場合が殆どである。以下物理的作用について基本的事項を解説する。

Q.2−3−1　発熱作用とは？

　物質内部の自由電子が電磁波から運動エネルギーを得て高周波電流を形成し、その電流が分子に衝突して個々の分子にランダムな運動エネルギー（熱エネルギー）を与えることで物質の発熱が起きる。これはジュール熱と呼ばれる。加えて物質の誘電性・透磁性による分子振動の残留エネルギーによる発熱がある。赤外線や電離放射線に関しては電流によるジュール熱よりも誘電損による発熱が大きいとされる。

　これらは主として表2-3の上部の2項が該当する。人体は重量の60〜80％が水分で導電性を持つので、いずれの電磁波ばく露に際しても発熱作用が必ず起きる。

Q. 2-3-2　発熱以外の電気的作用とは？

　表2-3に示す「発熱以外の電気的作用」の代表例は電流の干渉である。
生体については、神経系などへの電流刺激があり防護指針を決める根拠
となっている（Q.2-5-2、Q.2-6-1（2）、（3））参照）。また植込み型医療機
器などの電子回路への干渉が問題となる場合がある。これについては
ARIB電磁環境委員会のホームページを参照されたい。

　さらに電流や電磁界の直接作用として、①高分子などに方向性を持つ
運動エネルギーを与える、②イオン濃度の勾配を変化させる、③その他、
が考えられる。①に関して、パールチェイン効果[1]が確認されている。
懸濁液中のコロイド（高分子群）がパルス変調波の電界方向に配列する
現象である。30 MHz程度以下の電界で起き、μ波等の高周波では発熱
作用を起こすレベルよりも強い電界が必要と言われる。生体での作用は
確認されていない。②については、周波数が限定的な電波がカルシウム
イオン濃度などを変化させることが報告されている。詳細はQ.2-5-5を
参照されたい。③に関して、特別な細菌や動物（鳩、ミツバチなど）の
組織内にマグネタイト（磁鉄鉱）単結晶が、また磁性を有する特殊なタ
ンパク質が存在する。それらと電磁波との電磁結合の可能性が考えられ
るが、無線通信などの通常のばく露での明確な影響は報告されていない
（Q.1-6参照）。また微弱な赤外線を感知できる毒蛇がいるが、メカニズ
ムは熱エネルギーが起こす作用である（Q.2-4-2（2））。

　ESR, NMR, サイクロトロン共鳴（Q. 2-2-3（9））などの原子分子レベル
での特定周波数の電波との共振現象（Q.2-2-3（9））が何らかの作用を起
こす可能性が考えられる。しかし極めて強い静磁界との複合ばく露条件
が必要であり、地磁気しか存在しない一般の生活環境は対象外と考えら
れる。

Q.2−3−3　電離、励起とは？

　電磁波の電離・非電離（Q.2-2-2（5））は原子・分子レベルの物理的作用の一つであり、発がん性などに関わる細胞の遺伝子レベルの影響を起こす重要な要因となる。紫外線やX線には、微弱なばく露であっても晩発性と蓄積性のリスクがあることは確定された知見である（Q.2-4-3、Q.2-5-4）。一方電波にはそのようなリスクに関連する確率的な作用はないとされる。この理論的根拠である電離・非電離についての知識を深めておくことが重要である。

　物質の原子は電荷を帯びる原子核と電子で構成され、電子は電気力で原子内に束縛されている。複数の電子が原子核の周囲を軌道運動し、両者が平衡して原子が外部から見て電気的に中性のとき原子は化学的に安定している。また複数の原子が主として電磁力で結合して分子が構成される。この結合にはイオンによる結合と電子対を共有する結合がある。一つの疑問は、原子内であっても周回運動する電子は電磁波を放射して運動エネルギーを徐々に消失するはずであるが、実際はそうなっていないことである。回答は専門書に譲るとして、原子内の安定性が極めて強固であることが推察できる。

　ところが、原子内や分子内に束縛された電子は、外部からエネルギーを与えられて原子外に飛び出すことが出来る。その結果、原子の電気的中性が失われるのでこれを「電離（イオン化）」と呼ぶ。紫外線より周波数の高い電磁波がこの電離作用を持つことが分かっているため、この付近の周波数を境界に電離放射線と非電離放射線が区分される（Q.2-2-2（5））。

　また電子の軌道には複数あり、電子がエネルギーを獲得しても外に飛び出さずに軌道を変える場合がある。これを励起という。励起はフリーラジカルまたは遊離基と呼ぶ「不対電子を持つ原子・分子」を産生する。様々な種類があり、ある種の活性酸素はフリーラジカルでもあり人の健康に影響する。励起についても電離放射線と非電離放射線の区分が適用されている。

（1）どんな作用・影響があるか？

　電離した原子・分子はプラスの電気を帯びて周囲の原子や分子から電子を奪う、またはそれらと結合するなどの化学的反応を起こす。また分子の共有結合が切れることで構造が壊れることにも繋がる。励起状態の原子・分子にも同様の性質がある。これは物質の変質、細胞内DNAの損傷といったミクロな影響を引き起こす直接的な原因になり得る。また生体中の水分子が励起されてラジカル（ヒドロキシ）が生じ、それが移動してDNAを損傷する間接的な影響もあり得る。光電効果（太陽電池など）、光化学反応、紫外線によるビニールやワニスの劣化などは電磁波の電離・励起作用による効果や影響の具体例である。

　電離放射線は一つ一つが原子レベルの作用を持つ光子の集合体であるから（Q.2-2-2（4））、次の（2）にも述べるようにばく露する光子の数に比例するように物質への影響は大きくなる。ゼロに近い僅かなばく露（光子1つ）でも影響する。しかし、生体への影響（DNA損傷など）は原子一個への作用では起きないなど、物質影響と直接リンクする訳ではないので、発生確率（可能性）がばく露の積算量（全被ばく期間での光子の総数）に比例して増大するという性質となる（確率的影響と呼ぶ：専門書を参照されたい）。なお、DNA損傷などについては日常的な損傷因子（太陽紫外線など）の存在、免疫機能による損傷の修復（Q.2-5-4）などが認められるので、極めて僅かなばく露にその影響はないとする説もある（Q.2-4-1）。

　一方、例えば大電力の放送アンテナからの定常的なばく露、携帯電話基地局や無線LANアクセスポイント、携帯電話などからのμ波ばく露がそのような影響を起こしたという話は聞かない。また電子レンジの使用において温度が上がらずに食品を調理できたという経験はない。これらから電波が電離・励起作用を持たないであろうということが十分推測できる。

（2）光量子仮説のメカニズムは？

　電子は電荷を持つから、原子内に束縛されている電子と外部からの電

磁波との間で電磁エネルギーの結合（やり取り）が起きる。電磁波照射による「光電効果」は電離作用の代表例であり、光子エネルギー（Photon energy）の概念を用いないとメカニズムを説明できないとされる。なお、電磁波以外でも、粒子線や高出力の超音波にも電離作用がある（Q.2-2-2 (5)）。

　光量子仮説によれば、電磁波が電離作用を持つ条件は「その光子エネルギーの大きさが原子分子の電離エネルギーまたは分子の結合エネルギー以上」となることである。これは周波数だけで決まる。

　光子エネルギー E は E＝hν（h：プランク定数[*]、ν：周波数）で与えられ、[eV] や [J] の単位が一般に用いられる。1 [eV] は 240 [THz]＝2.4×10^{14} [Hz] の電磁波（短波長赤外線）が持つ光子エネルギーである。1 GHz の携帯電話電波の光子エネルギーは計算上 4.1×10^{-6} [eV] となるが、次に述べる電離に必要な数値からみて無視できるレベルである。図 2-1 に周波数に対する光子エネルギーの代表例を併記している。光量子仮説では、一つの原子または分子を電離できるエネルギーの最小単位が光子エネルギーであり、電磁波の電磁界強度が強いということは光子の数が多くなって電離される原子・分子の数が増えるということに相当する。弱い電磁波のばく露であっても、その電磁波に電離作用があれば原子・分子レベルの極めて小さな単位で何らかの生体への影響を生じることになる。

　例えば水素・酸素の電離エネルギーは 14 eV、水分子の結合エネルギーは 12.6 eV、炭素の電離エネルギーと結合エネルギーはそれぞれ 10 eV 及び 4.9 eV、などとされている。電離と同様な作用である励起については水分子由来の OH ラジカルの励起エネルギーが数百 meV ～ 数 eV とする報告がある。また我々が網膜で光を検知するためのメカニズムとして、光受容タンパク質の光 - 電気信号変換機能があるが、これは光によるタンパク質の励起現象が関係すると考えられ、網膜が検知できる赤色の光子エネルギーは 1.8 eV 程度である。このことから細胞影響を検討する場合のイオン化エネルギーとして 1 eV 程度の低い値を考慮する必要があるかもしれない。今後の研究課題である。

　なお、我々が温かさと冷たさを感じるのは温点と冷点という温度受容器の働きによるが、それらは温度刺激、すなわち熱エネルギーがナトリ

ウムやカリウムイオンなどの電気信号に変換される作用が関係するので、非電離放射線の発熱を伴わないばく露が直接それらのイオンに作用するとは考えられない。

　従って代表的数値 10 eV、すなわち 2.4 PHz（10^{15} Hz）の遠紫外線を境に電磁波は、電離放射線と非電離放射線に大別されている（図 2-1）[2]。電波の周波数は 3 THz（10^{12} Hz）以下と定義されるから非電離放射線に含まれる。

　なお、境界として 12.4 eV または 12 eV を提示する資料がある [3]。この値は hν に ν=3000 THz（3 PHz）を代入し求めたものであり、3PHz という区切りのよい周波数に対応したシンボル的数値であり物理的意味は薄い（O_3 の電離ポテンシャルが 12.4 eV との資料はあるが）。

＊プランク定数（Planck's constant）：

> 　1900 年、マックス・プランクは熱放射（物質の温度に依存する電磁波の放射：図 2-12）に関する法則を発表した。溶鉱炉内の高温の鉄の発光輝度を分析することでその温度を正確に推定することが目的であったが、その後様々な分野で利用され熱放射の基本法則の一つとなっている（プランクの法則）。
>
> 　この法則のポイントは、実験結果を的確に説明できる理論（黒体放射）として「電気双極子の発光源が取り得るエネルギーは "hν の整数倍（ν は周波数）" でなければならない」というエネルギーの離散性を見出したことにある（詳細は専門書を参照されたい）。
>
> 　"hν" はエネルギー素量と呼ばれ、周波数とエネルギーを関連づける比例係数 "h" がプランク定数で測定値は "6.63×10^{-34} J s / 4.14×10^{-15} eVs" である。
>
> 　プランクの法則は古典物理学の常識（エネルギーの連続性）を覆した画期的な理論である。Einstein はその 5 年後に光量子仮説を提唱したが、マックス・ボルンによればプランクの数式に内在する一つの物理的意味を見出して直ちに光量子の概念を発想した、とされる。
>
> 　熱放射は原子・分子の熱運動における電気双極子の共鳴（電子やイオ

ンの振動）が電磁波（光）を放出する現象であり、それに基づく"プラン
クによる双極子のエネルギー離散性の理論"と"光が粒のような光量子
の群れで構成されるとする Einstein の考え"は同様に"hν"を元にする
が独立である。プランクの理論がヒントになったとはいえ、Einstein の
発想は独創的かつ画期的である（2-2 (4)「付記 4」参照）。
　なお、黒体放射モデルでの電磁放射源の電気双極子は電子の電荷と質
量を構成要素とする。電子という最少単位の存在が放射エネルギー素量
（量子）導出の元にある。

（3）波動としての見方は？

　電離作用を波動の性質から考えてみる。このような考え方は確立され
たものではないが「電離を起こせる電磁波の周波数が PHz 以上」である
ことが波動の理屈でも納得できる。
　原子内の電子は波動状態（±の極性を持つ波動で電子波と呼ばれる）
で軌道上を周回運動するとド・ブロイが提唱したのでこの考えを利用す
る。軌道の一周距離は典型的な原子の半径 0.1 nm から 1 nm 程度とする
（正確には軌道の位置によって違い 0.5 〜 5 nm となる）。その軌道電子の
電子波はこの 1 nm の距離を最小では 1 波長として原子内を光速の 1/100
（典型例）で周回伝搬することから、原子内部に f=c×(1/100)÷1 nm＝3 PHz
の電子波が半径 0.1 nm の空間内に定常的に存在すると仮定できる。こ
の電子波はその球状空間内に一本の輪の形で存在するから、これと電磁
波が電磁結合するためにはその輪の直径上で一定ではない電磁界が印加
する状態、すなわち波長が直径程度より小さい波が必要と推定できる。
なぜなら、直径よりかなり大きい場合ではその輪全体が同じ電磁界変化
を受けることになり、軌道内の電子波の＋側と－側とで受けた作用が打
ち消し合うためである。逆に 1 つ以上の波が存在できれば電子波と電磁
結合が起きてエネルギーを授受できることになる。
　さてそこでその条件に合う電磁波を推定する。電磁波が物質内を伝搬
するとき原子核や電子の影響を受けて速度が低下するが、この低下率を
電子波の光速からの低下率と同じ 1/100 と仮定する。ここで電子波と電

磁結合できる範囲を電子軌道の直径の 10 倍の 2 nm とすれば（その程度の範囲で電磁結合が出来るハズ）、これが 1 波長となる電磁波の周波数 f_i は、f_i=c（光速度）× 10^{-2} ÷ 2 nm ≒ 1×10^{15}=1 PHz となる。つまり 1 PHz 以下の電磁波は電子波にエネルギーを直接的に供給できないが、それ以上であれば可能であり電子を軌道から解放する（電離作用を起こす）。また原子内での電磁波速度の光速からの低下率を 1/10 とした場合には 10PHz となり、これらの数値は光量子仮説で求めた 2.4PHz（10eV）に近いものとなる。つまり原子軌道上の電子と電磁結合できる電磁波（電離放射線）は PHz 以上の周波数に限定されることが古典的な電磁界の考え方で推測できる。なお電離した電子の運動エネルギーは電磁波の強さに関係しないことが実験的に確認されていて、これは光量子仮説でないと説明できないとされる。しかし、軌道からの脱出エネルギーに閾値があって、それを越えた瞬間の電子が持つエネルギーも閾値程度で一定になると考えれば波動の考え方も実験結果と矛盾しないだろう。このような考え方は過去に否定されているが、実験結果と矛盾しなければ、電磁波の電離作用を説明する一つの見方として意味があると思える。

　以上は電磁波が原子分子を電離させる直接的なメカニズムであるが、これ以外に例えば寸法が原子レベルより遥かに大きいタンパク質分子が分極構造をもち、電磁波の周波数で物理的に振動損傷することで間接的に電離が起きるという指摘がある。しかし無線通信などの電波による物理的振動は電離作用よりも先に熱作用を起こすと考えられる。

(4) 振動による電離・励起、電子レンジの μ 波がラジカルを発生？

　電子レンジで使われる 2.45 GHz の μ 波に励起作用があるとの主張があるが本当だろうか？

　この懸念は μ 波を用いた加熱調理に関するものであり本書の対象外であるが、著者が実験研究した結果 [4] に基づいて解説する。

　加熱の原理として水分子が 2.45 GHz で共振するとの説があり（この説は正しくないので Q.2-2-3 (9) を参照されたい）、このとき水分子が μ 波で物理的に振動するためその振動エネルギーによって水分子、または

食物成分のタンパク質などの分子が励起状態になり結果としてラジカルが多く発生するという主張である [5]。タンパク質に鉄や銅イオンが含まれていると、それらが介在して容易に影響が起きるとされる。この説では、ラジカル発生への寄与について μ 波による振動エネルギーと単なる発熱による熱エネルギーを区別しているが、実際はどうであろうか？ Q.2-3-3 (2) の「メカニズム」の項で説明したように OH ラジカルの励起エネルギーが数百 meV 〜 数 eV との推定があり、数百℃の個体分子の熱エネルギーが数百 meV（室温ではその 1/10）になり得ることを考えれば数百℃に加熱すればそれだけで食物中のラジカル発生が起きる。そこで、電子レンジなどの μ 波加熱と一般の伝導加熱とでラジカル発生に違いがでるかどうかを実験調査した。その結果では、約 170℃ がラジカル発生の臨界点であって加熱方法による違いは確認されなかった。また鉄イオンの存在の影響は確認できなかった。つまり、μ 波による励起作用は他の加熱方法と同じ温度上昇（170℃程度以上）によるものであり、ネット上などの主張 [5] に信憑性はない。

　また、人の白血球（好中球）サンプルに 2.45 GHz 電波を防護指針限度値程度で照射してヒドロキシルラジカルの産生との関係を調査した [2]。白血球はラジカルを自ら発生するので μ 波ばく露がその産生に影響するかもしれない。ヒドロキシルラジカルは活性酸素の中で最も反応性が高いと言われる。実験結果はばく露量に比例して産生が増加した。しかし、ばく露による温度上昇が確認された。さらに μ 波ばく露ではなく伝導加熱で同様の特性が測定されたので僅かな熱作用の影響である。サンプル（数百）による結果のばらつきがあるが、35℃から ±1℃ 変化すると平均値で 10 % のラジカル産生の増減が確認された。正常な生体では好中球のラジカル産生が活発であれば免疫が良好になると言われる。因みに体温と免役力との関係について確定した医学的評価はなされていないようである。

Q. 2-3-4　非線形作用とは？

　ある種の物体・物質に高周波の電磁エネルギーが吸収されて、低周波の電圧・電流が発生することがある。照射電磁波とは別の周波数が生じる作用であるから、非線形作用（Nonlinear effect or Nonlinear interaction）と呼ばれる。本来の電磁波に無い影響が生じることになる。電波で考えれば電波と物体・物質が次のような性質を同時に持つことが条件となる。例えば音声などの低周波で振幅変調されたAM波やパルス波、複数の連続波で構成されるマルチキャリア波などの、振幅（強度）が低周波で変化すること。また物体・物質が吸収する電磁エネルギー量に対して電気特性などが非線形に変化するような特殊な物理的性質を持つ場合である。本書では電磁波の非線形作用と呼ぶことにするが、基本的に物体の電気的性質に大きく依存する作用である。例えば電子回路に使われるダイオードやトランジスタはそのような非線形応答を持つ電気素子であり、AM電波からその低周波の変調成分を再生する（AMラジオ受信機などの利用する作用）。デジタル方式の携帯電話電波がアナログ補聴器内のトランジスタ等に電磁干渉して雑音を発生する事例がある [6]。極めて僅かながら異種金属の接触面などがこのような非線形（検波性）を示す場合がある。例えばAM放送の音声が金属屋根などで検波される事例があるが、送信アンテナの直近など照射レベルがかなり高いばく露環境、もしくは金属構造物が当該電波に共振して高感度に電磁エネルギーを吸収する場合に生じることが過去に報告されている。

　このメカニズムについては偶数次の非線形性に関連する基本的性質であることが理論的に分かっている。詳細については非線形歪を扱う高周波増幅器等の専門書を参照されたい。

　また物体が、吸収した電波の電力変化に追従して極めて僅かな熱膨張・収縮を繰り返す現象が想定される。そのとき、その物体の電気特性にも影響することから前述と同様の非線形作用が生じることが理論的に推定される。これらのメカニズムが生体への影響に関連する可能性がある。詳細はQ.2-5-5を参照されたい。

Q. 2−3−5　パルス波の作用とは？

　パルス波の時間波形例を図2-17に示す。デジタル通信やレーダーなど通信以外の分野でも利用される。図から分かるように電波はパルス状に短時間だけ周期的に送信される。デューティ比が例えば100と1の電波では、瞬間的な電磁界強度またはその電磁界が物体や生体中で起こす電流に10倍の違いが生じる。この電磁界や電流が何らかの非熱的な作用を起こすことが考えられる。しかし、無線通信などに利用するパルス波では電力のデューティ比がせいぜい10倍程度であるから、平均電力で規定する防護指針の制限レベルに対してパルス波のピーク電力値が10倍以上となることはない。これはピーク値が熱作用の閾値を超えないことを意味する。デューティ比が数十倍を超えるようなパルス波が通常の無線通信で利用されることはない。

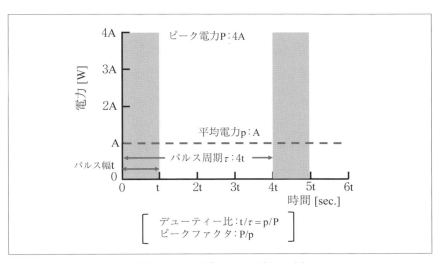

〔図2-17 再掲〕パルス波の一例

Q. 2−3−6　複合作用とは？

　複数の電磁波がばく露するとき、発熱作用については電磁エネルギーが増加するだけの効果と考えられるが、場合によっては複合的な作用が起きる可能性がある。例えばX線のような電離放射線とμ波が同時に物体にばく露すると、X線の電離作用によって物体内に自由電子やイオンが発生してそれらの電荷にμ波が作用して新たな作用が生じる可能性がある。極めて強い静磁界のばく露環境ではサイクロトロン共鳴、電子スピン共鳴などの電波領域の共振現象が起きる可能性もある（Q.2-2-3 (9)）。通常の環境では極めて特殊なばく露であるためその作用についての研究例は少ない [7], [8]。

Q.2-3 の参考文献

[1]『電磁界の生体への影響』, 斎藤正男, テレビジョン学会誌, Vol.42, No.9, 1998.

[2] 例えば『Ionizing radiation; Definition boundary for lower-energy photons』, Wikipedia.

[3] 例えば『Environmental Health Criteria 160 Ultraviolet』, WHO , 1994.

[4]『Experimental Assessment of Mobile Radio Modulated Microwaves Exposure Effects on Hydroxyl Radical Production within Human Leukocyte Cells』, T. Hikage, Y. Kawamura, T. Nojima, Proceedings of the the XXIX URSI General Assembly, 2008.

[5]『The Hidden Hazards of Microwave Cooking』, Anthony Wayne and Lawrence Newell, 2002.

[6]『携帯電話端末等の使用に関する調査報告書』不要電波問題対策協議会, (現電波環境協議会). 平成 9 年 .

[7]『The effects of radar on the human body』, J.J.Turner, ASTIA, U.S. Army Ordnance Missile Command,1962.

[8]『Section 6 Biological effects of radiofrequency exposure, 6A-Cell culture studies』, RF Toolkit-BCCDC/NCCEH, 2013.

Q.2-4

はじめに―
生体影響問題の背景

一般的な電波のばく露（極めて強い特殊なものを除くという意味）における主要な生体作用は「熱作用」と「電流刺激作用」である。現代社会、殆ど全ての人達が日常的に様々な電波にばく露する状況であり、健康への影響について最新の注意を払う必要がある。ここでは、生体作用について「熱作用と電流刺激作用」及び「その他の作用」に分類して解説する。

Q.2−4−1　生体影響と物理的作用の関係は？

　生体影響は、電磁エネルギーが生体に吸収され（ステップ1）、生体を構成する物質が様々な物理的作用を受け（ステップ2）、そして生体の働き・機能に対する何らかの影響が生じる（ステップ3）、というプロセスに整理できる（Q.2-3）。

　安全性の議論においては、生理的変化（体の機能や組織の変化）が起きて最終的に健康への悪影響に繋がる場合が問題となる。その過程は複雑でしかも生体には外的な脅威（環境変化、気候変化など）に対する抵抗性が備わっている。例えば、恒温動物には外界との熱の授受や体内での代謝で生ずる熱に対応して体温を一定に保つ熱調節機能が備わっているから、これが適正に機能する限りにおいて生体がある程度の電磁エネルギーによる発熱作用を受けても体温には殆ど影響しない。また体温が僅かに変化しても、その値が日常の生命活動の寛容性（tolerance）で許容される範囲内であれば生体の正常な機能には影響しないので、その程度のばく露に生体影響はないと判断できる。また、電離放射線の生体影響で議論された事項であるが、少量のばく露であれば生体の免疫機能に有益とする放射線ホルミシス効果仮説*のように低レベルばく露の物理的作用が良性の影響を起こす可能性があるかもしれない。詳細は専門書を参照されたい。

　さらに、「電磁過敏症（EHS）」は、ばく露を受けているという感覚や意識が発症の要因になっているかもしれない。これは原因となる物理的作用がないことを意味する。

　このようにステップ2からステップ3へのプロセスは単純ではないので、最終的に生体による実験研究で確認することが重要となる。

＊放射線ホルミシス効果：

> 　電離放射線のばく露が小さい場合には、免疫機能を高めるなど健康に有益な効果があるとする説。紫外線を生体がばく露することで健康に有益なビタミンDが体内で作られる効果も一例とされる。

Q. 2−4−2　自然界の電磁波は？

　我々の生活空間に様々な人工的な電磁波が存在するようになった期間はHertz以降、約130年である。自然界由来の電磁波は地球誕生以来何億年も前から存在している。それらは地球の静磁場、超低周波のシュウマン共振電磁波*、雷や静電放電などの電波、宇宙からの各種電磁波などであるが、地表での照射エネルギーから見ると圧倒的に太陽放射線が大きい。地面からの各種放射線もあるが無視できる弱さである（生物も赤外線などを放射する）。何億年にわたり地球上の生物は太陽からの電磁波にばく露してきた。

*シュウマン共振：

> 　地球の地表と電離層との間で電磁波が共振してほぼ定常的に存在する現象。その波長がちょうど地球一周の距離の整数分の一に一致したものであり、その周波数は7.83 Hz（一次）、14.1 Hz（二次）、20.3 Hz（三次）、……と多数存在するが、40 Hz程度以上では消失する。1952年、ドイツの物理学者であるヴィンフリート・オットー・シュウマン（Winfried Otto Schumann）により発見された。地球誕生以来存在するため地球上の生物の進化に影響したとの説があり様々な研究がなされたが、確定的な結論は得られていない。

（1）殆どが太陽からの電磁波

　図2-19は太陽からの電磁波の照射強度例（晴天時、標高3 m）である[1]。場所による違いはあるが、可視光の照射電力束密度の代表的値は約100 mW/cm^{2}である（表2-2）。日光浴で体が温められること、太陽を直視する際に白内障リスクがあることから分かるように、可視光は様々な生体作用を引き起こす刺激として十分な強さを持つ。

　一方、自然界由来のμ波の平均強度は可視光の$1/10^{11}$以下と推定される。大気の形成が約20億年前、多細胞生物の誕生が約6億年前とされる。長い進化の過程において、地上の生物は太陽光の刺激を強く受けてきたことになる。

　また宵の明星の $0.1 \times 10^{-6}\,\mathrm{mW/cm^2}$（表2-2）と比べても $1/10^3$ 程度にすぎず自然界の定常的な μ 波が生命活動等に影響するとは考えられない。

　生物の受容体とは、外界や体内からの何らかの刺激を受け取り、情報として利用できるように電気的な信号等に変換する仕組みを持った構造（器官、細胞、タンパク質など）のことであり、多くの種類がある。地球上の生物は強い太陽光刺激があったから、電磁波の可視光を敏感に感知する受容体（網膜にある）を進化の過程で獲得したと仮定しても良さそうである。一方自然界における電波の強度は、地球上の生物が μ 波などの高周波電波を感知する受容体を進化の過程で得ることは無理そうである。

(2) 生物が電磁波の光を見ることが出来るのはなぜ？

　動作メカニズムから考えてみる。網膜の光受容体が光を検知するメカニズムは特殊なタンパク質での励起現象に基づく。光子エネルギーによる受容体での電子の発生は電子1個のレベルという極めて微弱な反応であり、さらに視神経での神経電流としての増幅という過程で僅かな光で

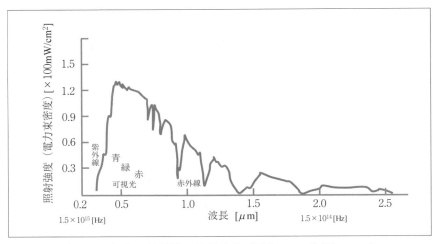

〔図 2-19〕太陽放射線の照射強度（標高 0m：海面レベル）
NASA の公表資料などを参照

も人は見ることができる。可視光で最も周波数の低い電磁波である赤色の光子エネルギーが約 1.8 eV であり、光受容体はこれ以上の光子エネルギーを持った電磁波でないと機能しない。だから周波数が遥かに低い μ 波を光受容体は検知することは出来ない。なお 1 eV 以下の電磁波で励起現象を示す物質は発見されていない。

　光受容体が、励起のメカニズム以外に電波を敏感に感知できるか考えてみよう。数十 Hz の低周波磁界による磁気閃光刺激 [2] のように、視神経の視覚情報伝達イオンチャネルに電波が電気的に（電圧や電流として）干渉して神経系を伝達できれば、電波が検知されるかもしれない。しかし神経系は μ 波のような高周波の電圧や電流を通すことはない。また非線形作用（Q.2-3-4、Q2-5-5 参照）が、神経系を伝達する低周波の電圧・電流成分を生じる可能性は考えられるが、極めて強い電磁波のばく露が必要となる。

　微弱な赤外線を検知できる毒蛇がいる。しかし、これは赤外線を直接感知する光受容体ではなく、赤外線を吸収した薄い皮膜の温度上昇が「温度受容体」のイオンチャネルを活性化するというメカニズムであり、一種の「熱作用」である。ピット器官と呼ばれ、詳細は専門書を参照されたい。ここで温度受容体は生物が温かさや冷たさを感じ取る「温点」や「冷点」のセンサーであり、入力としての温度（原子、分子、電子の運動エネルギー）を細胞間の電気信号（イオンチャネル）に変換する機能を持つ（Q. 2-5-5 参照）。

Q.2−4−3　歴史上の主な出来事は？

　一部の書物などに不正確な情報が見られるので、電磁波の健康影響に関する歴史上の主な出来事について公的な調査結果などを紹介する（表2-4）。電波利用が始まる以前に電気（有線）の世界で類似の事件があったのでそれも含めている。

・黎明期の電流戦争、X線の影響、温熱療法：

　1840年代米国の開拓の歴史において、疫病の原因が新技術の電信ではとの不安が起きた。しかし真の原因は鉄道が出来たことで人の交流が活発化したことであった。さらに1880年代には、映画にもなった「電流戦争」[3] と呼ばれる事件が起きた。これはニコラ・テスラの発明による交流の新技術とエジソンが推進する直流のいずれを電力インフラのシステムに採用するかというビジネス上の闘争であったが、性能上の優劣比較に加えて生体への影響まで俎上に載せられた。交流は致死的に危険であるが直流は安全とエジソンは主張した。しかし実際は、心臓の電気ショックを起こす電流は交流でも直流でも 50 mA 程度でほぼ同様であってどちらが危険とは言えない。結末は昇圧が容易で遥かに経済性に

〔表2-4〕電波などの健康影響（電流とX線を一部含む）―歴史上の主な出来事―

年	主な出来事	関連事項
1840〜 1895〜 1896	・電信線が疫病をもたらすとの不安（米国） ・電流戦争（エジソンとテスラ） ・X線による皮膚炎発症の確認	・1865；Maxwell の方程式提案 ・1888；Hertz の電磁波実験成功 ・1895；Roentgen のX線発見 /Marconi が無線通信実験成功
1902 1920〜 1948 1952	・X線による皮膚がん発症の確認 ・短波（〜300MHz）の温熱効果の確認 ・μ波の白内障誘発性を確認（動物実験） ・レーダ要員らの白内障被害を報告	・医療応用の始まり
1957 1990〜	・モスクワシグナル事件の発生 ・10GHz レーダ保守者が被害を受けたとの報告 ・携帯電話により脳腫瘍を患ったとの被害訴訟が多数発生（米国）	・1957；世界最初の基準値提案（米国） ・1990；電波防護指針を答申（日本） ・1993；RCR（現 ARIB）の電波防護自主規格制定 ・1994 〜；RCR 資金の動物実験実施 ・1998；ICNIRP 指針公表（WHO 推奨）
2000〜	・基地局建設反対などの訴訟が世界的に発生	・2005 〜；指針に関わる各種測定法の国際標準が制定（IEC）

優れた交流に軍配が上がった。未経験の新技術に対して人々が漠然とした不安を抱いた事例である。

　20世紀に入ると自然界にはなかった様々な人工の電磁波が職場や生活環境に出現した。Hertzの電波の実験から7年後の1895年、Marconiが無線通信の実験に成功しRoentogenがX線を発見した。X線について発見の翌年に強いばく露による皮膚炎さらに7年後に皮膚がんの発症が確認された[4]。一方電波については、X線が示すような重篤な健康影響は全く経験されていない。この歴史から見ても生体に及ぼす基本的な性質において電波とX線には大きな違いがあると推定される。

　当時電流を使って筋肉の緊張をやわらげる筋弛緩法という治療があり、1920年代に電波による皮膚を通した温熱効果（体を温める効果）が確認された。すぐに治療器として実用化され[5]今日治療の分野で広く利用されている。Diathermyと呼ばれる温熱療法でありかなり強いばく露を用いるが、利用者に発がんなどが生じたという報告はない。

・第二次大戦後の白内障懸念、世界初の防護基準策定：

　1900年代、放送や無線通信に電波の利用が急速に進むことになった。特に通信とレーダーで軍事応用の重要性から高出力化の研究開発が加速し、殺傷を目的とした動物へのばく露実験まで実施された。第二次大戦後の1948年、Dailyらは2.45 GHzや3 GHzのばく露が200 mW/cm^{2}以上、24時間以内の条件で3℃の温度上昇を起こして9週間以内に白内障を引き起こすという動物実験結果を示した[6]。1952年以降レーダー要員らの白内障被害が問題となったばく露は40〜380 mW/cm^{2}といった強いばく露であった[7]。これらはレーダーや無線通信のほか当時開発された電子レンジの漏洩μ波などの安全性に関わる警鐘となり、1957年、職業上（軍関係）のμ波ばく露限度10 mW/cm^{2}が米国で世界最初に提案された[8]

・モスクワシグナル（Moscow signal）[9]

　戦後の同時期、モスクワの米国大使館職員に様々な不定愁訴（イライラ、集中力欠如などの原因不明の自覚症状の訴え）が起きて、調査の結果外部から微弱なμ波が大使館に照射されていたことが判明し、新聞

で「μ波の生体作用を利用した電波兵器ではないか？」との憶測に発展
した事件であり、大規模な調査が実施された。測定されたμ波照射は
1953年から1976年までの長期間存在し、0.6〜9.5 GHz、数十μW/cm^2
以下の微弱電力であって生体作用を起こすとは考えられず、何らかのス
パイ活動（盗聴など）が目的だったのではと推測された。その期間内に
様々な医学的調査が非公開に実施されたが遺伝子影響やその他生体への
悪影響は認められなかった。さらに事後23年間をかけて、国務省支援
により延べ4千名の職員と8千名の家族について様々な健康影響につい
て疫学的研究調査（徹底的な比較分析）が実施された。内訳はモスクワ
大使館関連の職員数と家族数はそれぞれ約2千名と3千名以上、その他
はばく露がなかった比較対照のサンプル数である。「不定愁訴や疾病の
発生とμ波ばく露に因果関係はなかった」というのが結論である。調査
結果の詳細は米国環境庁が1990年に公表している。

　この事件は電波の対人兵器利用への不安が元になっていたかもしれな
い。物理的作用で述べたように電磁エネルギーは熱エネルギーや運動エ
ネルギーに転嫁できるから、そのような利用も原理的には可能であるが、
実用的成果はないようである。情報開示されている文献を参照されたい
[10], [11]。

・レーダー波ばく露による死亡事故？ :

　1957年、レーダー保守作業を行った42歳の兵士が10 GHzのμ波ば
く露により死亡したとMcLaughlinが報告した。多くの書物ではこれが
過大なμ波被ばくによる死亡事故例とされている。しかしMerckel（1972
年報告）とEly（1971,1985年報告）が検証した結果は、原因はこの兵士
が受けた虫垂切除の後遺症のせいであり、しかも（もし過大ばく露であ
るなら起きるべき）皮膚の損傷がないことはばく露の影響がなかったこ
とを示唆する、となっている。ばく露が原因の死亡ではないと結論され
た[12]。

・携帯電話電波に関わる訴訟問題 :

　1990年代に入り携帯電話の爆発的な普及が始まると、「頻繁なばく露
が脳腫瘍発症の原因」とする患者が端末製造者などを相手取った訴訟が

米国で多発した。訴訟ビジネス目的の可能性が高い。多くの訴訟があったが原告側が主張の科学的証拠を示すことはできず、勝訴した例は一つもない。なお腫瘍には健康影響の違いから「良性」と「悪性」の二種類があり、後者は一般に「がん」と呼ばれる。

2000年代になり世界各国で携帯電話や無線LANなどの利用が急速に拡大し、多くの場所に基地局が設置された。頭痛などの健康被害、子供への影響に不安があるなどの理由から、基地局建設や電波発射に反対する運動や訴訟が世界的に発生した。殆どの訴訟は通信会社などの被告側が勝訴しているが、フランスでは電磁波アレルギー被害を訴えた原告側の主張が認められる判決となった。判決は原告のアレルギー被害が事実であるから被告はその救済に毎月800ユーロを支払う義務がある、というものでばく露がアレルギーの原因とは認めていない [13]。

・防護基準の重要性：

世界初の電波ばく露の安全性に関わる防護基準は1957年に米国で提案され、1990年以降日本を始め世界各国で今日と同等の詳細な指針・基準が制定されることとなった。RCR（電波システム開発センター：現電波産業会）が1994年に制定した自主規格 [14] は、1990年に旧郵政省に対して答申された防護指針を業界として遵守するためのものである。1990年の指針が2000年に法規制化されるまで、初期の携帯電話などに適用するなど自主規制の形で運用された。法規制された指針を満足することは義務であり安心の根拠の一つに位置付けられる（Q.2-7を参照されたい）。

Q.2-4-4　電波の生体影響検討における基本的な考え方は？

　Q.2-4-3 の「携帯電話電波に関わる脳腫瘍の訴訟」では被告の携帯電話メーカ側が勝訴した。その理由の一つは、原告が主張する科学的根拠の信頼性が崩されたことにある。その根拠は「携帯電話と同様の電波が染色体の損傷（脳腫瘍発症の原因になり得る）を起こすことを確認した」との実験論文であり、これに対して被告側は「同様の実験では確認されなかった」とする複数の論文と「当該論文の問題点」を反論の証拠とした。実験確認による証拠が重要である。結果の再現を調べる研究を replication study と呼ぶが、研究者が異なるときは同一条件での実現は容易ではないから同様の実験とならざるを得ない。

　脳腫瘍の1年間の発症率は 10 万人当たり数人という小さな数値であり、それを僅かに変えるような影響を携帯電話電波が人に与えるかどうかという命題を研究調査するうえでどのような基本的考え方が必要になるだろうか？

・極めて僅かな影響の有無：

　十万分の一といった極めて小さい発症確率を実験的に検出するには、極めて多数の生体標本を使う必要があるが、それが困難な場合には「影響が強くでるように電波の照射強度を高める（一種の加速試験）」や「発がん性の高い生体を使う」といった方法が考えられる。しかし、前者では発熱作用にマスクされる問題がある。後者は医学研究などで広く利用されている。例えば transgenic mice のように遺伝子操作により腫瘍が起きやすくした動物が実験研究にも用いられている。しかし免疫力が異常に弱いため、実験環境を含めて実験実施に細心の注意が必要となる。例えば実験環境において、空気（気圧、酸素濃度、細菌の有無など）、周囲温湿度、実験対象の電波以外の電磁波、低周波電気の電磁界などの影響を排除することが高精度で高信頼な実験を行うために重要となる。それらは総称して「交絡因子」と呼ばれる。さらに実験従事者による実験へのバイアスが掛からないように盲検法*の適用が推奨される。影響の有無は、多くの実験データを適切に統計処理した結果として導出しなければならない。これらすべての条件を満足して「論理的・客観的・実証的」

な科学的実験研究を遂行することが理想である。Q.2-5-7 を参照されたい。

* 盲検法：

> 実験遂行者、データの解析者に対して、電波照射の情報を教えずに行う実験手法。人のボランティアへの照射実験では、ボランティアにも電波照射の情報を与えない場合に「二重盲検法」と呼ぶ。

・「ヘンペルのカラス」と「ポパーの科学の定義」：

　「無い」を証明することはできない。脳腫瘍の訴訟で原告が「電波が脳腫瘍の原因」と主張するために例えば「電波が染色体を損傷した」という一つの証拠があればよい。しかし、「脳腫瘍の原因にはならない」と反論するためには、「染色体の損傷」を含めて想定される全ての「腫瘍との関連性」について「無い」ことを示さねばならない。実際、発がんのプロセスは複雑であり（Q.2-5-4）、電波がどこかの段階に影響するかもしれない。「無い」を証明するには考えられ得る全ての可能性を検証することが必須となる。いわゆる「ヘンペルのカラス」*という論理の考え方である。

* Hempel のカラス：

> カラスは黒いという命題を証明するには一匹ずつ全てのカラスの色を確認するしかないという論理的考え方。Hempel が 1940 年代に論理学上の例え話として使った。

　しかし、これでは永遠に結論を出すことはできなくなる。どこか有限のところで結論を出すことが現実的かつ合理的である。この方法の妥当性を裏付ける考え方としてポパーの科学の定義*が有用である。すなわち、将来反証される可能性を認めつつ、その時点で最新の実験や観測に基づくデータから影響の有無を判定することでその結論の科学性が保証される。一度判定された結論は、例えばより高精度な評価を可能とする

実験手法が出現した時点で再吟味すれば良い。製造物責任法（PL 法）における免責事由として、「製造物を引き渡した時における科学・技術の知見（その時点における最高水準の知見）によっては、欠陥があることを認識できなかった場合には製造者は免責される」という主旨があり、ポパーの科学の定義はこれに整合する。

＊ Karl Raimund Popper（1902-1994）の科学の定義：

> 「科学は反証可能でなければならない」とする基本的考え方（哲学）。ある仮説が反証可能性を持つとは、その仮説が何らかの実験や観測によって反証される可能性があるということ。従って、科学的な結論とは最新の実験や観測によって検証されたものと理解される。

Q.2-4 の参考文献

[1]『American Society for Testing and Materials Terrestrial Reference Spectra』. 他に,『太陽エネルギー読本』, 日本太陽エネルギー学会編　オーム社, 1975.

[2] 例えば『ICNIRP Guidelines』, Health Physics 99(6):818-836, 2010.

[3] 例えば『発明超人ニコラ・テスラ』, 新戸雅章, ちくま文庫, 1997.

[4] 例えば『放射線業務従事者テキスト』, 日本原子力研究所東海研究所, 1994.

[5] 例えば『Kurzwellentherapie』, E. Schliephake, 1935.

[6]『The effects of microwave diathermy on the eye: An experimental study』, Daily, L. et al. Am.J.Ophthalmol, 33, 1950.

[7]『Bilateral lenticular opacities occurring in a technician operating a microwave generator』, AMA Arc. Ind. Hyg. Occup. Med. 6, 1952.

[8]『Proceedings of the tri-service conference on biological hazards of microwave radiation』, Pattishell, 1975.

[9]『Biological Effects and Exposure Criteria for Radiofrequency Electromagnetic Fields』, National Council of Radiation Protection and Measurements (NCRP) Reports on No.86, 1995.

[10] 『Bioeffects of selected nonlethal weapons』, FOIA, Department of the army, 2006.

[11] 『Biological effects of electromagnetic radiation(radio wave & microwaves) Eurasian communist countries』, DIA, 1976.

[12] 『3.5.8.5 Death』, Radio-frequency and ELF electromagnetic energies, A handbook for health professionals, 1995.

[13] 『Gadget 'allergy': French woman wins disability grant』, BBC NEWS, 2015.

[14] 『電波防護標準規格 RCR STD-38』, 電波システム開発センター (現ARIB), 1993.

Q.2-5

どんな生体影響があるか？

・通常のばく露での影響が重要：

　Q.2-3 に述べたように電波には様々な物理的作用があるから、生体影響についてもそれらに起因する多くの可能性が考えられる [1]。しかし、Q.2-4 の冒頭に述べたように、一般的なばく露環境であれば熱作用と電流の刺激作用（低周波）が支配的である。これは多くの実験研究で確認され防護指針の根拠の一つとなっている。その他の作用はその指針でカバーされると判断されている。ここでは生体影響の主要な事項について基本的性質を解説する。

Q. 2−5−1　熱作用とは？

　生体が強い電磁エネルギーをある程度吸収すると、発熱作用によって全身または局所の体温が上昇して生体の機能や活動に影響することを一般に「熱作用（Thermal effects）」と呼ぶ。“Thermal”の英用語は“Heat（熱または熱エネルギー）”または“Changes in temperature（温度変化）”に関連して用いられ、この場合は後者の意味を持つ。熱作用は μ 波電波の動物へのばく露実験において、電磁エネルギーを徐々に増大させたときに最初に生じることから防護指針の上限を決める重要な根拠となっている。

　生体の温度センサーである温度受容器の殆どは皮膚内に分布するため、生体内部での体温上昇を生体自身は感知しにくい。皮膚から加熱する暖房の作用と同様にはならないことに注意して欲しい。また深部体温（直腸温度など）は健康と密接に関係するとの指摘もある。μ 波などの高周波電波には表皮効果（Q.2-2-3（7））があり、その発熱作用は周波数が高いほど皮膚表面に集中する。

　放送波や基地局電波のようにばく露が全身にほぼ均一となる A）全身ばく露と、携帯電話電波を側頭部で使う場合のように局所的にばく露が強くなる、B）局所ばく露の二つのばく露形態に分けて検討する必要がある。

　温度上昇が細胞、組織、全身の機能や活動／行動に与える影響について細胞・動物を使った実験研究が 1986 年以前に数千以上実施され、また人への温熱治療から多くの医学的・生物学的な知見が得られている。電波の熱作用はそれらの知見を基本に検討されている。

防護指針（SAR）との関係は？

A）全身ばく露：

　健康と深部体温の関係について平常値を基準にして、①定常的な約 1℃以上の上昇は健康に何らかの影響を起こす、② 1.5 〜 2 ℃の上昇を妊娠初期に持続的または反復的に経験させることで胎児に奇形が生じるか流産が誘発される、そして③ 2℃以上の上昇は生体に種々の変調を起こし、

体温が 43 ～ 44℃ に達すると致死的となる [1]。

①に関連して、クマネズミ等の小動物からアカゲザルまで幅広い動物へのばく露実験（400 MHz ～ 5.8 GHz、近傍界と平面波、連続波と様々な変調波）において動物に行動障害（disruption of behavior が原文）の出ることが確認されている。この影響が生じるいき値は全身平均 SAR で 3 ～ 9[W/kg] であり、様々な熱作用のいき値の中で最も低いレベルとされる [1],[2],[3]。6 W/kg、20 分間のクマネズミへの μ 波連続ばく露が直腸温度を 0.5℃ 上昇させることが実験確認されている [1]。人の基礎代謝量（生命活動を維持するために必要なエネルギー）は全身平均 SAR で 1 ～ 3 W/kg（老人～赤子）であるから、4 W/kg の吸収電力は基礎代謝量の数倍となり人の体温を上昇すると推定される。これらのことから全身平均 SAR で 4 W/kg の人へのばく露が 1℃ 程度の体温上昇を起こすと推定され [2],[3]、この数値が日本や世界で防護指針を導出する際の全身ばく露に関わる熱作用のいき値とされている。このように、非電離放射線である電波の各種の生体影響は基本的に、電波吸収がある一定量（いき値）を超える場合に現れるということが実験確認されている（確定的影響と呼ぶ）。

・安全率：

実験でのいき値のばらつきや測定不確かさ等を考慮して医学的観点から基準値に 1/10 の安全率（緩和係数）をとって防護指針の上限値が決められている。すなわち全身平均 SAR が 0.4 W/kg 以下のばく露であれば体温への影響は無視できるレベルとされる。一般公衆に対しては、様々な不確定要因を考慮してさらに 5 倍厳しい 0.08 W/kg としている（安全率 1/50）。熱作用の安全率はばく露がいき値を超えないことをより確実にするためのものである。指針値の妥当性は最終的に動物実験等で確認される。

なお小動物と人の大きさの違いから生じる不確かさも安全率に含まれるとされている。

・平均時間：

発熱量は吸収エネルギー SA で決まり、SA は SAR の時間積分である。

医学的知見から、皮膚を通したエネルギー吸収と組織の生理的反応の時間特性が分かっている。それによれば立ち上がり時間（エネルギー吸収開始から神経組織が反応を示す最短時間）は3〜5分であり、30分後に反応は最大となる。最大反応の10%程度までの立ち上がり時間は約6分である。この知見から熱作用に関わるSAのいき値を決める時間積分の幅は6分が適当とされる。より厳しい考え方は同じSA値について30分を使う条件であり、SARとしては6分の場合より5倍厳しい制限値となる。これは、SAの1440 J/kgが重要であって、6分間平均のSARは4 W/kg（1440 J/kg ÷ 360 seconds）であるが、30分間平均ではその1/5の0.8 W/kgとなることを意味する。防護指針の安全係数を決める際の根拠の一つとなっている。

　なお測定時間の短縮化のため平均時間を1秒程度とする場合もあるが、その値と6分間平均値が同じことが条件である。

　電波の強度が時間変化してSARが一定でない場合でも、6分間でのSAが変わらなければ温度上昇値は同じである。例えば図2-20のように、6分間のうち半分の3分間だけ電波が発射されるばく露の場合、ばく露時間内でのSAR値が連続ばく露のSARの2倍であっても同じSAとな

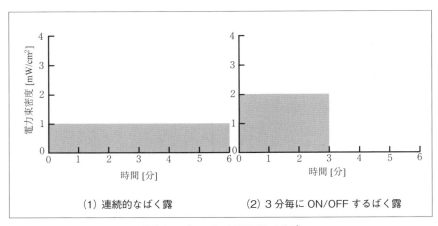

(1) 連続的なばく露　　　　　(2) 3分毎にON/OFFするばく露

〔図2-20〕6分時間平均の例*
*：IEEE C95.3-1991 Fig 3.1 を参照した

る。同様に6分間のうちの1分だけのばく露であればそのピークSAR
は6倍まで許容される。この理屈は一般的なパルス波やAM波に関し
ても同様に有効とされる。しかしパルス部のピーク電力が極めて大きく
なるときは、非線形作用（Q.2-3-5、Q.2-5-5）の検討が必要である。

・全身平均SARの周波数特性：

　身長が波長の1/2程度となる場合に、人体が電波に共振してエネルギ
ーを吸収しやすくなる。電波の周波数や偏波（電界の向き）などによっ
て吸収特性が異なるが、このことは世界の防護指針に反映され、30 MHz
から300 MHzの電磁界強度の指針値が最も厳しく規定される理由とな
っている。こうすることでSARは一定となる。周波数の幅は大人から
幼児までの身長の違いに対応している [1],[2],[3]。

　また指針の30 MHz以下においてSARに関わる電磁界強度の指針値
が周波数の二乗に反比例して緩和している理由は、波長が身長より大き
くなり人体が吸収する電磁エネルギーが減少するためである。

B) 局所ばく露：

　局所的なばく露による発熱に関し、体の各部で影響の出方や耐性に違
いがある。内臓器や眼球は温度上昇に弱いとされる。一方、足首などの
四肢は重要臓器がなく他の部位より高い温度耐性を持つ。眼球に関して
41 ℃に達すると白内障が発症する。レーダー電波や電子レンジの開発
時代に職業的ばく露の影響が懸念されたことから多くの動物実験が実施
された。代表的な動物実験（家兎）の報告では2.45 GHz電波ばく露のい
き値は電力束密度で150 mW/cm^2、100分以上とされている。SARで
138 W/kg、20分以上がいき値となるとの報告もあり数値にばらつきが
ある。いき値に対応する水晶体温度の推定値は41℃であるが、これよ
り少し低い温度となるばく露を繰り返すと影響が蓄積されるため晩発性
の作用となるとの報告がある [1]。白内障のほか、μ波の眼球部への指
針限度値レベルのばく露が角膜影響を起こすとの報告 [4] がある。後に
実施された再現実験でばく露の作用ではないことが確認されている [5]。

　皮膚が温度上昇を感知するいき値についてはボランティア実験のデー

タがあり、前額部の 37 cm^2 の面積を 4 秒間照射したとき、3 GHz で約 33 mW/cm^2、10 GHz で約 13 mW/cm^2 であったと報告されている [1]。

・全身ばく露と局所ばく露の関係：

　人の全身に対して均一な電波（平面波）が照射されたとしても、吸収される電磁エネルギーは各部の形状や電気的性質の違いから不均一となる。μ 波照射などに関して人体の局所での SAR 最大値と全身平均の SAR の比は最大値で 10 〜 20 倍になると 1980 年代に推定され [1]、この妥当性は近年の計算機解析で確認されている。全身ばく露について問題が無いということは、必然的に局所についても全身平均 SAR の 20 倍の局所 SAR が許容されることを意味する。従って、0.4 W/kg の 20 倍である 8 W/kg が防護指針の限度値となる。一般公衆では 1/5 の 1.6 W/kg となる。以上が 1990 年以前の米国での基本的考えであったが、その後それらは 10 W/kg 及び 2 W/kg と丸めた数値に変更されている。これらの数値の科学的妥当性（実際に悪影響が生じないという実証）はそのレベルにおける生体のばく露実験で確認することになる。

　なお四肢や耳翼などは熱作用への耐力が高いので指針値は 2 倍緩和されている [2]。

Q. 2−5−2　刺激作用は 10MHz 以下の電波が関係する

　生体内に浸透した電磁波は電流を発生する。刺激作用とはその電流が神経系（主として末梢神経系）に干渉して人が刺激として感知する作用のことであり、0.1 秒間の電流尖頭値などが関与する。人の感知レベルは 1 mA 〜 5 mA とされ、5 mA 〜 20 mA になると手足の筋肉が硬直し自由に動かすことができなくなる。これは Let go current と呼ばれる。心臓影響のいき値は数十 mA と言われる。また電磁波にばく露する金属物体に人が触れて体内に電流が流れる場合もある（接触電流と呼ばれる）。熱傷のいき値は 200 mA と言われている。なお筋肉を電気刺激で活性化する事例は健康器具などに応用されている。10 MHz 程度以上では熱作用が支配的であり、またそのような高周波電流が神経系を伝達することはない。10 MHz 程度以下では、電界強度について電流刺激のいき値が熱作用より低くなるので、電流刺激が電界強度の防護指針値を決める根拠となっている。詳細については文献を参照されたい [6],[7]。

　人体が μ 波にばく露したとき、どの程度の体内電流が誘起されるだろうか？　本書に記述した知識をベースに推定してみよう。防護指針の SAR 限界値である 2 W/kg をばく露条件とする。このとき、SAR の式から体内での電界強度 E を計算推定する（Q.2-2-3 (3) を参照）。σ と ρ は凡そ 1 とおけるので、E は高々 1V/m 程度となる。この電界強度が神経細胞（大きさを 10 μm と仮定）に印加する電圧は 1 m と 10 μm の比になり凡そ 0.01 mV、また電流は 0.01 mA 程度と推定される。SAR は 6 分間の平均であるから短時間では 2 W/kg を超えることもあり得るが、それを考慮しても人の感知レベルを大幅に下回る。

　さらに神経系で外部刺激に対して最も敏感な受容体についても、細胞膜間電位が数 mV で機能するとされるので SAR 指針以下のレベルの μ 波ばく露が影響するとは考えられない。

　数十 Hz の超低周波電磁界のばく露で体験される事例であるが、「磁気閃光」と呼ばれる生体作用がある。体内に誘導された電流が網膜を刺激することで生じる（Q.2-4-2 (2) を参照されたい）。この作用が生じる電磁界のいき値は生活環境にはないような高いレベルである。

　光や温度刺激、機械刺激などを感知する各種受容体は神経系に関連する生体組織であり、高周波電波ばく露の電流が作用する可能性が考えられるが、これについては Q.2-5-5 で述べる。

Q. 2−5−3　その他の作用には何があるか？

　熱作用以外の作用は従来「非熱作用」という概念で一括りにされてきた。しかしより正確な扱いをするために「無熱作用」と切り分けるべきとの主張がある。さらに「低レベル作用」と呼ぶ分類が2000年代に提案されIEEEの指針に反映されている [2]。それらの定義は次のようになっている。図2-21は6分間の吸収電磁エネルギーを横軸にとって各作用の違いを示す：

（1）非熱作用（Non-thermal effects）：
　　発熱以外の固有の作用として従来定義される。生体は導電性を持つから電波にばく露すると必ず電流が流れて発熱するので、温度上昇を殆ど伴わない作用という扱いが実際的である。

（2）無熱作用（A-thermal effects）：
　　1℃以下の温度上昇は観測されるが、温度上昇だけでは生じない作用（平熱の範囲で生じる作用）と定義される。

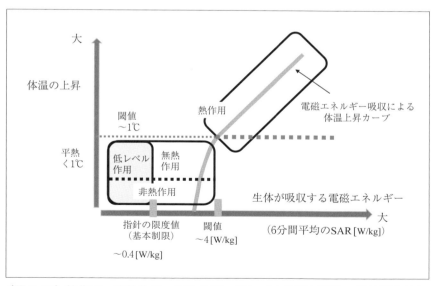

〔図2-21〕熱作用，非熱作用，無熱作用，低レベル作用と閾値・指針限度値との関係（電波の場合）

(3) 低レベル作用（Low-level effects）：

　基本制限（Basic Restrictions）以下の低レベルのばく露が起こす作用として IEEE Std C95.1-2005 で定義された [2]。極めて僅かな局所的温度上昇が起こす μ 波聴覚効果が具体例である（Q.2-5-5）。人体の健康影響を評価する場合、基本制限以下のばく露による作用の有無が重要な検討課題であるから、「非熱」、「無熱」と分けることに実質的な意味はないとの考えに基づく。なお基本制限は電波防護指針の基礎指針限度値と同等である。

　電波について実際上、ここまで厳密な区分けが必要とは思えないので、本書では従来の扱いにならって、「熱作用（及び電流の神経刺激）に含まれない作用」を「非熱作用」と表記して解説する。

　それではどのような物理的作用が非熱作用に関係するだろうか？電離放射線が持つ電離作用は、極めて僅かな電磁エネルギーであっても一個の原子・分子に作用するので非熱作用の典型例である。また瞬間的な電磁界ばく露または高周波電流が生命活動に何らかの形で影響すれば非熱作用となる。具体的にはピークファクタの極めて高いパルス波が（微弱な電気現象で機能する）受容体に影響する可能性などが考えられるが、無線通信などの電波のピークファクタは高々 10 程度であり生体影響を生じるとは考えにくい。パルス波については（Q.2-3-6）を参照されたい。

Q. 2−5−4　発がんメカニズムと関連するか？

　電離作用が温度上昇を伴わずに健康影響を起こすと考えられる理由
は、細胞を死滅させることなく細胞内の例えば染色体の DNA を局所的
に損傷し得るからである。その損傷で遺伝子異常となった細胞が分裂を
繰り返すことで、がんなどが発症する場合がある。アスベストやカーボ
ンナノチューブなどは数十 nm といった細さのため、長期間にわたり細
胞内に留まると細胞内部を傷つけて発がん要因となるとの説がある。そ
れらに類似性が感じられる。

　X 線などの電離放射線のばく露量（強度と時間の積）が多い場合にが
んを発症する可能性（確率）の高まることが多くの経験と研究で明らか
にされている [8], [9]。一方、Q.2-3-3 に説明したように電波はばく露の
強度も時間も関係なく、電離のメカニズムでの遺伝子異常を起こすこと
はないと考えられる。これとは別に、染色体が µ 波等の高周波電波で
共振振動して部分的に損傷する可能性があり得るとの主張がある。しか
し、生体内部での高周波電波の波長から考えて、細胞全体に影響せずに
染色体だけを損傷することはないと考えられるのでこの主張には疑問符
がつく。

　なお、電離作用に起因する非熱作用において、例えば発がんのように
ばく露を受けてから何年も後に影響が出る、また弱いばく露の繰返しで
影響を受けた細胞が蓄積増加するという現象を示す場合がある。前者を
晩発性、後者を蓄積性と呼ぶ。

　百年以上の電波利用の歴史で電波が発がんに影響するという科学的に
確認された事例はない。この経験からも電波に発がん性があるとは思え
ない。それでも携帯電話使用による脳腫瘍の訴訟問題が典型例であるが、
発がん性が僅かにあるのではとの懸念や不安が多いことは事実である。
非電離を主張するだけでこれらの問題を解決することはできない。発が
んの複雑なメカニズムに非熱作用が関係するかどうについて、様々な観
点から最新の技術を使って研究調査して信頼できるデータを蓄積するこ
とが重要である（Q.2-4-4）。

　発がん（悪性腫瘍）のメカニズムは複雑でまだ不明な点もあるが、発

がん物質を用いた研究から基本的に次のような3段階のプロセスを経る
ことが判明している。すなわち、
① Initiation（イニシエーション）：発がん物質が細胞に突然変異（染色体
　異常など）を誘発する
② Promotion（プロモーション）：変異した細胞のがん化が促進してがん
　細胞になる。
③ Progression（プログレッション）：がん細胞が悪性増殖する段階に入
　り、がん組織になる。
であるが、電離放射線はどの段階にも影響し得ることが分かっている。
また①について、免疫機能が突然変異の発現を抑制している場合がある。
②と③についても免疫機能がその進行を抑制する場合がある。従ってそ
のような免疫機能がダメージを受けることで発がんが進行するというメ
カニズムもある。免疫機能には各種のホルモン（メラトニンほか）が強
く関係し、また①の要因となる活性酸素などのフリーラジカル類を中和
するスカベンジャー（抗酸化物質など）としてもメラトニン等のホルモ
ンが関係する。免疫機能に関してはこの他白血球類が強く関与すること
が分かっているが、不明な事柄もまだある。
　非電離放射線は①に関係する作用を持たないから、イニシエーター
（発がん原因）にはならないだろうとされる。また②と③、並びに免疫
機能に関係するホルモン、スカベンジャー、白血球等の活性に関しても
同様である。しかも、免疫機能は極めて複雑で様々な外的状況（環境の
ストレス、心身の健康状態など）の影響を受ける。従って非電離放射線
だから発がんに関連しないとは言えない。
　研究調査を以上の全ての事項について行う必要がある。

Q.2−5−5　電磁波を生物は感知できるか？

　生物が電磁波の光を微弱でも感知できるのは光受容体*を持つからである。そのメカニズムは光受容タンパク質が光を受けると励起して電気信号を発生することであり、電離・励起作用を持たない非電離放射線の電波に光受容体は反応できない（Q.2-4-2）。非電離放射線である赤外線を高感度に感知できる温度受容体が存在するが、赤外線のように極めて狭い空間に電磁エネルギーが集中することと関係する。また神経刺激や皮膚での温感などで人は電波を感知できるが、防護指針を上回るばく露の作用である（Q.2-5-1）。

　この他、人が音として電波を感知する現象があるので以下に解説する。また非熱作用として実験確認された神経細胞内のイオン濃度への影響についても本節で解説する。

　ヒトが最終的に何らかの形で電波を感知するかどうかはボランティア実験（Q.1-5）で、また無感覚・無自覚での反応の有無は脳機能への影響に関する研究（Q.1-2）で調査される。また動物などについても研究例がある（Q.1-6）。

＊受容体：

　外界や体内からの何らかの刺激を感知するために感覚器（受容器）があり、その刺激を生体が利用できる情報（細胞の膜電位変化など）に変換する機能を担う最小の構造が受容体（受容細胞）である。視覚、聴覚などの五感や平衡感覚などにおけるセンサーである。

　刺激はそのエネルギー形態によって、電磁的（光、熱）、機械的（圧力、音など）、化学的に分類できる。特殊な刺激（超音波、電気、磁気、赤外線など）の受容器を持つ生物がいる。また植物にも光受容体がある。

　様々な受容体があり、構造・機能からイオンチャネル*型（囲み記事参照）、タンパク質共役型、酵素連結型などに分類される。熱や機械的刺激に対してはイオンチャネル型が主である。ウィルスなどは受容体と融合して細胞内に侵入する。

　強い電波ばく露は、皮膚にある程度の温度上昇を起こすと温感や痛覚

として感知される（瞬時の加熱刺激が冷感にもなる：矛盾冷覚と称される）。電波の間接的な感知になる。温点、冷点と呼ばれる温度受容体は表皮（〜 0.2 mm）下部の真皮に存在する。温度受容 TRP チャネルはイオンチャネル型受容体の一つであるが、機械刺激、唐辛子や酸などの化学的刺激にも反応するものがあり、また温度の弁別範囲を超える刺激（閾値は 43 ℃ で敏感）の場合に痛覚となる。0.5 〜 1 ℃ の弁別が可能とされるが温度刺激に敏感なチャネル開閉メカニズムの詳細は未解明とのこと（専門書を参照されたい）。

　聴覚の受容体は有毛細胞であるが、圧電性（ピエゾ性）を持つので高周波電波に非線形応答する可能性がある。すなわち、電波の一部が可聴帯の低周波に変換して音波刺激のように振舞う可能性があるが、ピークファクタの極めて高いパルス電波の場合に限られる。

・ μ 波聴覚効果 [10] とは：

　第二次大戦末頃の米国で、軍用レーダーアンテナの直ぐそばでマイクロ波を照射されると、特別な音が聞こえるという人が現れた。これを μ 波聴覚効果（Microwave Hearing Effect: MHE）と呼び、この原因について多くの実験研究が実施された [11],[12]。最初の研究者の名前から Frey 効果とも呼ばれる。MHE は、数百 MHz 〜 数十 GHz の周波数範囲で、ピーク電力が高く、パルス幅が短い変調 μ 波（ピークファクタ 100 以上）にばく露されることによって生じることが動物実験及びヒトボランティア実験で確認されている。人が感知できるパルスは 40 μ J/cm^2 のエネルギー密度に関連し、パルス幅は 0.5 〜 32 μs とされている。このパルスが人体頭部内の局所で 5 × 10^{-6}℃ と低レベルではあるが急峻な温度上昇を生じるので、これによって当該部の体液が瞬間的に膨張して微弱な弾性波が発生し内耳（聴覚受容体）で検知される音圧となることが示された [12]。Frey の推測とは異なるメカニズムであるが、学会などで支持されている。電波が直接内耳に作用した訳ではなくて、ばく露による微小な発熱が音波を発生したことが原因とされる。米国の防護指針にも反映されているが、特殊なパルスが関係し、また聞こえる音が極めて僅かで

あることから健康影響上は問題無いとされる。僅かな熱作用であることから IEEE の規格委員会は、「低レベル作用」を定義してここに MHE を分類した。この効果を軍事利用するための研究が行われた [13] が実用性には疑問がある。

熱弾性波仮説に対し、音波の受容器である有毛細胞に μ 波の非線形作用が関係する可能性は否定されていない。今後の研究の進展が期待される。

・カルシウムイオン流出とは？：

ヒナの脳細胞やカエルの心臓細胞に AM（振幅）変調された電波を照射したときに、細胞からカルシウムイオンの流出が観測される現象である [14]。実験例では、電波の周波数が 147 MHz、240 MHz、450 MHz、変調周波数が 6 ～ 16 Hz、照射電力密度が 0.1 ～ 1 mW/cm^2 となっている。特定の変調周波数と照射電力密度で起きるのが特徴とされる。メカニズムとしてサイクロトロン共鳴説があるが、支持する研究者は少ない（Q.2-2-3（9）の囲み記事）。文献 [14] と関連する幾つかの実験報告にも問題があるとされる [3]。また、携帯電話電波による類似の再現実験ではイオン流出に影響する証拠は確認されていない [15]。

細胞内のイオンに関わる事項は受容体の動作に関係するので、この現象について電気生理学の知識からメカニズムを推定する。細胞内外の電解質のイオンには、カルシウムの他にカリウム、ナトリウム、リン酸などがあるが、その濃度が細胞内外で差があることで内と外を分ける細胞膜に電位差が生じる。この電位差が細胞間の情報伝達などに関与するが、電気信号として伝達できる周波数は高々 10 kHz 程度と推定される。電位差の元となるイオン濃度はイオンチャネル*と呼ばれる一種のドアの開閉で制御され、その追従速度はせいぜい 0.1 mSec とされるからである。そのドアの開閉は膜電位で電気的になされ、動作のいき値は数十 mV である。従って高抵抗の細胞膜に低周波電流が流れていき値以上の電位が印加されることになれば細胞内のイオン濃度が影響を受ける可能性がある。この低周波電流は 10 kHz 以下と推定されるから非線形作用が関係している可能性がある。

＊イオンチャネル：

> 生体膜（細胞膜全体）は一つの細胞を外界から守る隔壁であり、他細胞との境界でもあるが、他方で様々な生体活動のため外界刺激の受容、細胞間の情報伝達、物質輸送などの膜透過性を持つ。イオンチャネルは膜に付着する特別なタンパク質分子（膜タンパク質）で、膜透過の機能を担う（他にイオンポンプ、受容タンパクなどがある）。受容細胞（受容体）の場合、温度刺激、機械的刺激（圧力、音など）などによって当該のイオンチャンネルが開閉し、刺激に応じた電気信号が発生する。その情報信号が神経を伝達、脳に達して感知される。神経や筋肉などでの情報伝達の場合、膜電位に依存して特定のイオンチャネル（カルシウムなど）が開閉する。植物の光合成にも光に応じて空気を細胞内に取り入れる仕組み（青色光受容体、イオンポンプなど）が関係する。

・非線形作用との関連は？：

　物理的な作用の一つとして Q.2-3-5 に「非線形作用」を説明した。生体組織でも同様の作用が起きる可能性が考えられるが、そのメカニズムは物体の場合より複雑である。

　生体の神経細胞、受容体細胞などは細胞膜間に微弱な電位差（イオンチャネルと関係する）があり、骨には僅かながら圧電効果（ピエゾ）のあることが分かっている。さらに体液にある種の金属が接触すると接触部に微弱な電位差が生ずる場合があるが、このように電位差のある隔壁（細胞膜など）を持つ物体は半導体素子に類似した性質を示す可能性がある。また文献 [16] の仮説は、細胞膜が強いパルス波を吸収して熱応力による熱膨張と収縮を起こして膜の電気特性（抵抗や容量）が脈動し、その結果膜電位から脈動に比例した低周波電流が発生する可能性があるとしている。実験確認はできていない [17]。

　吸収電波の強さに対する偶数次の非線形応答（例えば二乗特性）は高周波エネルギーの低周波への変換を可能にする。この可能性はピークファクタの極めて大きいパルス波に限定されるので、一般的な電波が起こすことはないと考えられる。

Q.2−5−6 電磁過敏症（EHS）とは何か？

電磁過敏症（EHS）についてネット、書物などに様々な解説がある。その一例 [18] は、「ある程度の電磁波（＝電磁場）にばく露されると、身体が鋭敏に反応してストレスが生じ、それによって引き起こされる様々な症状」としている。「電磁波のばく露が原因（何らかの非熱作用）」としているが根拠が示されていない。

EHS を訴える人の数についてその割合は百万人当たり数人とも、それ以上とも推定されているため、世界的に携帯電話基地局を含めた電波ばく露に関わる一つの社会問題となっている。このため各国で多くの研究調査が実施されてきた。それらの結果を取り纏めた世界的な合意としての見解が WHO からファクトシートとして公表されている [19]。すなわち、「EHS は様々な非特異的症状が特徴であり、悩まされている人々はそれを電磁界へのばく露が原因と考えています。最も一般的な症状は、皮膚症状（発赤、チクチク感、灼熱感）、神経衰弱性および自律神経性の症状（疲労、疲労感、集中困難、めまい、吐き気、動悸、消化不良）などです。症状全体は、承認されているどの症候群の一部でもありません。」と記述されている。「電磁波のばく露が原因」と確定されている訳ではないことが分かる。また症状は「不定愁訴：原因不明の様々な自覚症状」に分類され、医学的には病気とはされない

Q.2-5-5 で説明したように、電波を敏感に感じ取ることができる受容体があるとは思えず、また発見もされていない。さらに実験確認された様々な物理的作用や生体作用からも防護指針を越えないレベルの一般の電波ばく露を人が検知できるとは考えられない。μ 波聴覚効果（MHE）も特殊なパルス波でしか起きない。しかし科学的知見に絶対はないから（Q.2-4-4）、最新の技術で実験研究することが重要である。そこで電波ばく露によって神経系、感覚系などに何らかの反応が起きるかどうかについて、医学的観点から様々な実験研究が実施された。電磁環境委員会でも多くの委託研究を実施した（ARIB HP を参照されたい）。また EHS を訴える人達を対象としたボランティア実験が世界各国で実施された。それらの研究報告例を第 1 部（Q.1-5）で解説している。

　実験調査などで得られた結論は、①被害者の症状は現実に存在する、しかし②被害者が主張する電磁波ばく露との関連性は確認されない、の二点に整理できる。

　物理的作用が原因でないことが分かる。WHO のファクトシート [19] は「治療には電磁波のばく露を調整することではなく、医療専門家と衛生専門家による対応が必要である」と提言している。

Q.2−5−7　生体影響をどのように研究調査するのか？

　電波を動物などに照射してその影響を実験的に正確に評価することが必要であり、実験の基本構成例を図2-22に示す。図には要点のみ併記したが、電磁波ばく露の調査研究についてWHO[20]は方法論を以下のように述べている。

（1）全般的な実験デザイン

A）研究プロジェクトは、電磁波ばく露による健康リスクの評価に直接的または間接的に関連する情報につながる詳細なプロトコルを用いて、明確に定義された仮説を検証すること。

B）用いられる生体系は、調査対象のエンドポイントに対して適切であること。可能であれば、閾値及び量反応関係のデータ（少なくとも3段階のばく露レベルと、擬似ばく露対照群を用いること）が求められる。

C）十分に特徴付けられた生体系またはアッセイを用いること。入手可能な科学文献から十分に確立されているものが望ましい。

D）事前の知識及び計画された試験の回数に基づいて事前に推定された実験の検出力が、予想される影響の大きさ（これはしばしば10-20％

1. ばく露（Exposure）：
電波を動物に照射する.
3段階以上のレベルが理想

2. 擬似ばく露（Sham Exp.）：
ばく露群と同一の実験装置を用いるがばく露はしない

3. 陽性対照（Positive control）：
既知の影響因子（例：放射線）を照射して、実験系が影響を検出できることを確認する

その他：

4. 陰性対照（Negative control）：
実験時の電波以外の意図せぬ人為的要因（光、振動、音等）を排除して実施.
バックグラウンドレベル（元からある発がんレベルなど）を評価.

5. ケージ対照（Cage control）：
ケージ内で拘束なく飼育.
擬似ばく露との比較のため実施

〔図2-22〕ばく露実験の基本構成

程度である）を、信頼性をもって検出するのに十分であること。

E）研究のデザイン及び実施を通じて、優良試験所基準（GLP）を用いること。GLP ガイドラインに準拠した特定のプロトコルを確立し、文書化すること。研究途中での何らかの変更も文書化すること。このプロトコルには、無作為化、検体とその供給源の対称的なハンドリング（実験系または生体系の特性により排除される場合を除く）、全ての適切な対照群（陽性対照（影響があることが事前に明らかである因子（例：放射線、化学物質）を用いて、実験系が影響を検出できることを確認するために用いられる）、陰性対照（調査対象の因子が与えられない他は、実験手順の全ての点でばく露群と同一に扱われる。バックグランドレベルを評価するために用いられる）、擬似ばく露（ばく露群と同一のばく露装置に入れるが、実際にはばく露しない。ばく露装置に由来する、調査対象以外の要因を評価するために用いられる）、ケージ対照（ばく露も擬似ばく露も与えず、ケージ内で自由に飼育される動物。擬似ばく露との比較のために用いられる））が含まれていること。研究実施者は、自分たちが扱っている検体がばく露群か対照群かに関して盲検化されていること。実験室でのヒト被験者も同様に、ばく露状態について知らされないこと（二重盲検化）。

F）品質保証手順がプロトコルに含まれていること。これには、GLP ガイドラインで要求されている、ドシメトリ（ばく露評価）、実験担当者及びそれと独立したグループの両方によるプログラムのモニタリングが含まれる。

（2）実験系及びドシメトリ

A）温度、湿度、光、振動、音といった環境条件、ならびにバックグラウンドの電磁波を、定期的に測定・記録すること。全ての実験群で、電磁波ばく露以外の全ての実験条件を同一にすること。

B）電磁波を十分に特徴付け、定期的に測定すること。必要に応じて、波形、パルスの形状と時間、周波数スペクトル、高調波及び過渡周波数（連続的な波源及びばく露装置のオン／オフの切替えの両方から生

じる）を全て測定すること。バックグラウンドの電磁波（例：環境中のもの、実験装置由来のもの、他のばく露装置からクロスオーバーするもの）も重要であり、特徴付ける必要がある。電磁波の時間変化する成分と変化しない成分、ならびに偏波と向きを測定すること。サンプルのシェイカー（細胞研究に用いられる）の動作等の実験的要因によって生じる電磁波の変調に留意し、可能な限り測定すること。必要に応じて、ばく露装置内の細胞培地または動物の位置に留意し、無作為化すること。

（3）データ収集及び品質保証

A）品質保証を含む全てのプロトコルに厳密に従うこと。

B）データは実験と同時に記録し、バックアップ用のコピーを保持しておくこと。

C）正当な理由（例：機器故障、手順不履行）なしにデータを一切破棄しないこと。破棄する場合はその理由を記録すること。

D）品質保証プログラムの一環として、アッセイが独立した判断を必要とする場合（例：組織学的評価）、検体の全てまたはその適切なサンプルについて、独立した再評価を少なくとも1回は実施すること。

E）可能であれば、将来の参照のためにサンプルを保管すること。

（4）データ分析

A）分析技法がデータと仮説に対して適切であること。

B）収集したデータセットには全てのデータが含まれていること。一部のデータを分析から除外する場合、その明確かつ正当な理由を記録すること。

（5）結論導出及び報告

A）結論はデータによって十分に支持され、データセットの重要な意味合いが全て含まれていること。

B）報告には、結論及び考察についての独立した評価を可能にする、材

料及び方法に関する十分なデータ及び情報が含まれていること。

C）時宜を得た査読付きの刊行が必須である。

（6）細胞研究

A）温度、CO_2 インキュベータ内の雰囲気、振動、インキュベータのヒーター及びファンからの漂遊電磁波は、非対称性（ばく露群と対照群との差異）の発生源であり、細胞及び培養組織を用いた実験ではこれらはしばしば見落とされる。適切な機器でこれらを測定し、電磁波ばく露以外の差異を最小化するためにあらゆる措置を講じること。

B）陽性対照群と陰性対照群をばく露群の培地と同一条件下に維持すること、複数のばく露装置の擬似ばく露群同士の比較、培地のハンドリングの無作為化及び盲検化を、適切に研究の一部とすること。

C）培地の電界または誘導電流の特徴付けには、電極及び材料（寒天ブリッジ等を含む）の幾何学的配置、皿の形状及び寸法、媒質の深さ、検体の寸法、ならびに媒質の導電率及び比誘電率が重要である。電極を用いる場合、電気泳動生成物を考慮し、可能であればこれを測定すること。

D）超低周波磁界を用いる実験では、誘導電流に関する上述の要因を考慮すること。印加した磁界と媒質のなす角、ならびに印加した磁界と局所的な地磁気のなす角を測定すること。

E）媒質、血清またはその他のバッチごとにばらつきがあるかも知れないリガンドを用いる場合、実験期間に対して十分なストックを単一バッチから購入し、これを保管しておくことを真剣に考慮すること。同様に、標準的な供給源からの細胞株の特徴を、時間をかけて分岐することは許されない。本来の供給源からバックアップをストックしておくこと。

F）数日間以上継続する実験、及び、サンプルまたはストックを長期間維持する全ての場合、またはデータを電子的に収集・保管する場合、実験装置または電源の故障からの保護のため、バックアップシステムをインストールしなければならない。

(7) 動物研究

A) プロトコルは、動物またはその他の生物を用いる実験に関連する全ての規制の文言及び精神に適合しなければならず、関連する全ての機関の事前承認を得なければならない。

B) ケージラックまたは動物の飼育室における、印加した電磁波の非一様性、温度、雰囲気（例：湿度、室内換気等）、光、振動及び騒音の非対称性は、しばしば見落とされる。これらの条件をケージの位置ごとに測定すること。ケージの無作為ローテーションにより、ばく露群同士、またはばく露群と対照群との間の非対称性を克服することができる。

C) 対照群はばく露群と同一条件下に維持すること。その動物が自身の対照である場合を除いて、対照群をばく露群と同時に扱うことが重要である。必要に応じて、陽性対照群ならびに陰性対照群及びケージ対照群を全て用いること。

動物または実験材料を扱う、あるいはアッセイを実施する全てのスタッフは、特別な場合を除いて、ばく露条件に対して盲検化されていること。

D) 可能な場合、実験及び日常的なケージ維持管理の際、複数のばく露装置の擬似ばく露群同士の比較、及び動物の無作為化ハンドリングに配慮すること。

E) ケージの大きさ、材料、床敷き、動物間の空間、電磁波内の動物の位置を明示すること。ケージ、金属製の構成部品、ラックの材料、他の動物の存在による遮蔽効果、ならびにケージの汚れによる電磁波強度の変化を測定すること。ケージまたは水の飲み口からの電撃を排除すること。

F) 動物の供給源、系統、亜系統を明示すること。特定病原体除外（SPF）動物、または特別な遺伝的特徴を有する動物は、使用前に検査すること。SPF動物及びSPF施設は、特別なケア及び訓練されたスタッフを必要とする。実験を通じてSPF状態をモニタしなければならない。

（8）ヒトボランティア研究

A）プロトコルは、ヒト被験者を用いる実験に関連する全ての規制の文言及び精神に適合しなければならず、関連する全ての機関の事前承認を得なければならない。ボランティア被験者と作業するスタッフは、特別な訓練及び監督を必要とする。

B）必要に応じて、陽性及び陰性対照群を用いること。

（9）疫学研究

　携帯電話電波を対象として多くの疫学研究が行われているが、主な研究手法の概要を表2-5に示す。

A）プロトコルは、関連する全ての規制の文言及び精神に適合しなければならず、関連する全ての機関の事前承認を得なければならない。

B）研究デザインは、弱い電磁波によって生じるかも知れない影響についてのばく露の尺度が不確かであることを認識すること。被験者のばく露、特に、しばしば代用尺度を通じて判定される過去のばく露を、可能な限り個別の測定によって検証すること。データには、将来の研究を支援するため、可能な限り別の尺度に関連する十分な情報が含まれていること。

　研究方法の詳細については、専門書等を参照されたい。例えば、細胞研究に関しては [21]、動物研究に関しては [22]、疫学研究に関しては [23]、[24] がある。

〔表 2-5〕疫学研究の主な手法の概要－電波を念頭に文献 [23] から抜粋－

手法	概要	特徴
1. コホート研究 *1	・調査時点で、ばく露群と非ばく露群を追跡し、両群の疾病の罹患率または死亡率を比較する方法。 ・ばく露と疾病について、因果関係の推定を行うことを目的とする。 ・追跡調査を行い、疾病の相対リスク（RR）を算出する	長所： ・ばく露状況を正確に把握できる ・バイアスの制御が可能 ・交絡因子の排除が容易 短所： ・何年後に疾病を発症するのか不明 ・調査期間が長く、費用がかかる
2. 症例対照研究 *2	・疾病の原因を過去に遡って調べる方法。目的とする疾病の患者の集団（症例）と、その疾病に罹患したことがない集団（対照）を選び、仮説上の要因にばく露されたものの割合を両群で比較する。 ・オッズ比（OR：RR の近似値）から因果関係の推定が可能。 ・ばく露要因の有無（ばく露レベル）は、面接調査やアンケート調査によって収集する	長所： ・調査期間が短く、費用が比較的少ない ・稀な疾病、潜伏期間の長い疾病に適している ・調査対象数が少数でも可能 短所： ・適切な対照群の設定が困難（選択バイアス） ・ばく露情報の信頼性が良くない（想起バイアス） ・疾病の発生順序が不明（逆因果関係の可能性） ・交絡因子の排除が困難
3. 横断研究	ある集団のある一時点での疾病の有無と、その疾病の仮説上の要因の保有状況を同時に調査し、関連を明らかにする方法。要因と疾病の関連を評価するため、罹患率ではなく有病率が用いられる	長所： ・研究期間が短く、費用が少ない 短所： ・因果関係の推論が困難 ・他の要因（交絡因子）の排除が困難
*1 前向き研究	計画を立案、開始してから新たに生じる事象（疾病）について調査する研究。	
*2 後ろ向き研究	過去の事象（疾病）について調査する研究。	

Q. 2-5-8　電磁波ばく露におけるリスクマネジメントとは？

　電磁波の健康影響を懸念する人々や市民団体には、「電磁波は安全性が確認されていないのだから、『予防原則』を適用して、携帯電話の使用制限や基地局の立地規制を実施すべきだ」といった主張がしばしば見受けられる。この「予防原則」とは一体どのようなものであろうか？

　「予防原則」の「予防」は、実は一般的な意味での「予防」とは意味合いが異なる。例えば、「予防接種」は、感染症の差し迫ったリスクを未然に防止するという実際の便益のために、毒性を減弱した病原体等を接種するものであり、この場合の「予防」の意味は英語では prevention である。

　一方、「予防原則」という用語は、ドイツ語の Vorsorgeprinzip の英訳 precautionary principle を更に和訳したものである。1960-1970 年代のドイツ（当時は西ドイツ）では、特に主力電源の石炭火力発電所から排出される硫黄酸化物に由来する酸性雨により、森林の枯死や歴史的建築物（中世の教会等）の劣化が深刻な社会問題となり、環境保護の意識が急速に高まった。こうしたことから、西ドイツ政府は 1984 年、「大気質保全に関する報告書」において、Vorsorgeprinzip が「自然界に及ぼされる被害が、事前にそして機会と可能性を逃すことなく回避されることを要求するもの」と定義された。Vorsorge とは、「健康と環境に対する危険を早期に察知することや、科学による決定的で確実な理解がいまだ得られていない場合にも行動することを意味する」とされている。

　その後、20 世紀末にかけて、オゾン層保護のためのフロンガス規制、北海の海洋汚染の防止等に関する国際会議の宣言、議定書等で、この概念が採用され、世界的に普及した。1992 年には、リオデジャネイロで開催された国連環境開発会議（地球サミット）で採択された「環境と開発に関するリオ宣言」には、「予防原則」が第 15 原則として以下のように盛り込まれた。「環境を保護するため、各国はその能力に応じて、予防的方策（Precautionary approach）を広範囲に適用すべきである。深刻なまたは取り返しのつかない被害の恐れがある場合には、十分な科学的確実性がないことを理由に、環境悪化を防ぐ費用効果の高い対策を先送りしてはならない」。

では、電磁波の健康影響の懸念に対し、この「予防原則」を適用することは、果たして妥当であろうか？　第１部で紹介したように、過去数十年間にわたって蓄積されてきた膨大な科学的知見に基づけば、「深刻なまたは取り返しのつかない被害の恐れ」があるとは考えられない。このため WHO[25] は、「電磁界と公衆衛生についての予防的政策」と題する資料で、「電磁界ばく露に関する予防的政策は、科学的に証明されていないリスクに対して更なる防護を求める多くの市民の人気を集めているが、そのようなアプローチはその適用において非常に問題である」と明確に否定している。

　「予防原則」の定義や解釈は立場によって大きく異なり、そもそもprecautionary principle の和訳として「予防原則」が適切かどうかという点を含めて、未だ議論の余地があるというのが実情である。

Q.2-5 の参考文献

[1] 『Biological Effects and Exposure Criteria for Radiofrequency Electromagnetic Fields』, National Council of Radiation Protection and Measurements (NCRP) Reports on No.86, 1995.

[2] 『IEEE standard for safety levels with respect to human exposure to radio frequency electromagnetic fields, 3kHz to 300GHz』, IEEE, Std C95.1-2005.

[3] 『電磁界の生体効果と計測』, 電気学会：コロナ社, 1995.

[4] 『Effects of 2.45GHz microwaves on primate corneal endothelium』, H.A.Kues, ,et al., Bioelectromagnetics,6, 1985.

[5] 『電波ばく露による生物学的影響に関する評価試験及び調査』, 平成16 年度報告書, 総務省, 平成 17 年 3 月.

[6] 『Dry phantom composed of ceramics and its application to SAR estimation』, Kobayashi, Nojima et.al, IEEE Trans. on MTT, vol.MTT-41, 1993.：『電波防護指針』, 電気通信技術審議会答申, 平成２年 .

[7] 『Guidelines for limiting exposure to time-varying electric and magnetic fields (1 Hz to 100kHz)』, ICNIRP, Health Physics 99(6):818-836, 2010.

[8] 『国際放射線防護委員会（ICRP）の勧告』, 2007.

[9]『電離放射線障害防止規則』, 厚生労働省令第 1 号, 平成 18 年.

[10]『マイクロ波による聴覚刺激』, 日本音響学会誌, Vol.39, No.4, 1983.

[11] 例えば,『Human auditory system response to modulated electromagnetic energy』, A. H. Frey, Appl. Physiol. 1962.

[12] 例えば『Auditory response to pulsed radio frequency energy』, Elder J. A., Chou C. K., Bioelectromagnetics 24, 2003.

[13] 例えば『Apparatus and method for remotely monitoring and altering brain waves』, US Patent 3,951,134, Apr. 20, 1976.

[14] 例えば『Sensitivity of calcium binding in cerebral tissue to weak environmental electric fields oscillating at low frequency』, C.F.Blackman, et al. Radiat. Res., 92, 1982.

[15]『The effect of a long-term evolution (LTE) on the intracellular calcium concentration』, T. Sakurai, PB-82, BioEM, 2019.

[16]『RF nonlinear interactions in living cells-I: nonequilibrium thermodynamic theory』, Q.Balzano, ,Bioelectromagnetics, 2007.

[17]『Absence of nonlinear responses in cells and tissues exposed to RF energy at mobile phone frequencies using a doubly resonant cavity』, Q.Balzano, et al, Bioelectromagnetics, 2010.

[18]『電磁波過敏症』, Wikipedia.

[19]『電磁界と公衆衛生　電磁過敏症』, WHO ファクトシート 296, 2005.

[20]『The International EMF Project. WHO's Agenda for EMF Research』, World Health Organization, 1998.

[21]『細胞の分子生物学　第 6 版』, ニュートンプレス, 2017.

[22]『獣医学教育モデル・コア・カリキュラム準拠実験動物学（第 2 版)』, 朝倉書店, 2018.

[23]『疫学用語の基礎知識』, 一般社団法人日本疫学会, HP.

[24]『はじめて学ぶやさしい疫学（改訂第 3 版）：日本疫学会標準テキスト』, 南江堂, 2018.

[25]『Electromagnetic Fields and Public Health : Cautionary Policies』, Backgrounder: World Health Organization, 2000.

Q.2-6

指針と規制

Q. 2−6−1 電波防護指針とは?

　電波利用において人体が電磁界にさらされるとき、その電波が人体に好ましくないと考えられる生体作用を及ぼさない安全な状況であるために推奨される指針のことで、電波のエネルギー量と生体への作用との関係を可能な限り定量的に明らかにしたもの。

　昭和63年旧郵政省・旧電気通信技術審議会に対して「人体における人体の防護指針」がどうあるべきかの審議課題(諮問第38号)が出された。約2年の委員会作業の後、平成2年(1990年)に郵政大臣に対して「電波防護指針」として答申された日本で最初の公的指針である。内容は国際動向(IEEE、NIRP：現ICNIRP、など)を参照し、生体への作用として熱作用と刺激作用が考慮されている。防護指針は、基礎指針、基本制限と実際の評価に用いる管理指針とで構成される(図2-23) [1]-[3]。日本の法規制は電波防護指針を根拠に定められているが、平成11年に施行されるまでの期間は旧電波システム開発センター：RCR(現ARIB)が「RCR STD-38：電波防護標準規格」を定めて、電波利用に関わる各種業界・会社が自主的にこれを遵守した。自主規制の内容は「電波防護指針」と同一である。

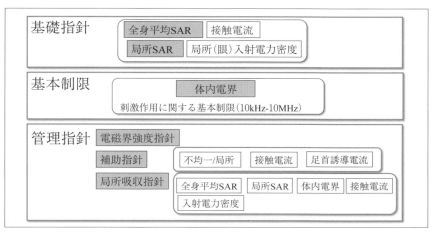

〔図2-23〕電波防護指針の構成

(1) 基礎指針とは？

　人体が電磁界にさらされるとき人体に生じる各種の生体作用（体温上昇に伴う熱ストレス、高周波熱傷等）に基づいて、人体の安全性を評価するための指針 [1]。

(2) 基本制限とは？

　平成 27 年答申の「「電波防護指針の在り方」のうち低周波領域（10 kHz 以上 10 MHz 以下）における電波防護指針の在り方」 [3] では、基本制限が導入され、健康への有害な悪影響に至る可能性のある電波ばく露による生体内現象と直接関連する物理量と定義されている。

(3) 管理指針とは？

　基礎指針を満たすための測定可能な物理量で示した指針のことで、電磁界強度指針、補助指針、局所吸収指針からなる。電磁界強度指針は、電界強度（単位は V/m）、磁界強度（単位は A/m）、電力束密度（単位は mW/cm^2）の 3 項目で規定されている。局所吸収指針は、主に身体に極めて近接して使用される無線機器等から発射される電磁波により、身体の一部が集中的に電磁界にさらされる場合において、基礎指針に従った詳細評価を行うための指針で、全身平均 SAR、局所 SAR、接触電流で構成されている。また平成 27 年答申の「「電波防護指針の在り方」のうち低周波領域（10 kHz 以上 10 MHz 以下）における電波防護指針の在り方」 [3] において、100 kHz ～ 10 MHz において体内誘導電界が、平成 30 年答申の「「電波防護指針の在り方」のうち「高周波領域における電波防護指針の在り方」に関する一部答申」 [4] にて、6 GHz ～ 300 GHz において入射電力密度が追加されている。補助指針は、電磁界強度指針を満足しない場合において、基礎指針に従った詳細評価を行うために使用する指針。

(4) SAR とは？

　携帯電話端末やスマートフォンのように人体に近接して用いられる場

合は、SAR がばく露評価の指標として用いられている。SAR は Q.2-2-6 に説明するように、比吸収率（Specific Absorption Rate；単位は W/kg）と呼ばれ、単位質量あたりに体内に吸収される電力を表す。例えば現在市販されているスマートフォンの SAR の最大値は、概ね 1 W/kg 以下となっており、これは 1 kg あたり 1 W 吸収されることを意味する。実際の測定では、質量 10 g に相当する体積にわたり平均した SAR（いわゆる 10 g 平均 SAR）で評価するので、10 g あたり 10 mW が吸収されることになる。そもそもスマートフォンの出力は、最大で 200 mW 程度なので、1 W と出力以上に吸収されることはない。ちなみに 10 g に相当する体積で SAR を平均化するというのは、体内の温度上昇の最大値と 10 g 平均 SAR の最大値に広い周波数にわたり良い相関がある [5] ことが根拠となっている。

(5) 局所吸収指針における入射電力密度とは？

6 GHz を超える周波数を使用する携帯電話システムの導入により、SAR に替わるばく露評価の指標として空間的に平均した入射電力密度の指針値が、平成 30 年答申の「「電波防護指針の在り方」のうち「高周波領域における電波防護指針の在り方」に関する一部答申」[4] にて導入された。6 GHz 以上 30 GHz 以下の周波数では、任意の体表面（人体の占める空間に相当する領域中の任意の面積）4 cm^2 当りの入射電力密度（6 分間平均値）が 2 mW/cm^2、30 GHz 超 300 GHz 以下の周波数では、1 cm^2 当りの入射電力密度（6 分間平均値）が 2 mW/cm^2 と規定されている。平均化面積については、SAR と同様に温度上昇との関係 [6],[7] により算出されている。

Q. 2−6−2　日本の規制は？

　電波を利用するにあたり、その秩序を維持するための規範として電波法が制定されており、電波防護に関する規制はこの電波法令の中で規定されている。電波法第30条では、無線設備への安全施設の設置を義務化しており、電波の強度に対する安全施設について総務省令（第21条の3）において定められており、携帯電話基地局などに適用されている。携帯電話端末などは、第21条の3から除外されているが、電波法とその関連規則に定められている技術基準を満足する必要がある。無線設備規則第14条の2では、人体のそばで使用する携帯電話端末などに対して人体における比吸収率の許容値を規定し、技術基準への適合を証明する際の必須の試験項目となっている。

(1) 安全施設とは？

　携帯電話基地局のような無線設備は、そこから発射される電波の強度（電界強度、磁界強度及び電力束密度）が規制値を超える場所（人が通常、集合し、通行し、その他出入りする場所に限る）に取扱者のほか容易に出入りすることができないように施した施設のこと。

(2) 携帯電話基地局の適合性確認は？

　無線局免許の申請時に、総務省の手引きに基づいた数値計算により確認する。その際、計算結果が規制値を超えた場合に限って、電波の強度を実測し、結果が規制値を満足していれば電波法施行規則第21条の3への適合が確認されたことになる。

(3) 携帯電話端末の適合性確認は？

　携帯電話端末の各機種が電波防護規制に適合していることは、電波法第3章の2に定められている「特定無線設備の技術基準適合証明等」という、無線局免許を得るための手続きに沿って確認される。電波防護については、無線設備規則第14条の2に規定の人体における比吸収率の許容値を満足することを証明する必要があり、別に定めたSAR測定法

に則り試験を行う。

Q. 2−6−3　諸外国の状況は？

　欧米諸国を中心に、世界各国で電波防護規制への導入が進んでいる。ほとんどの国の規制値は、国際非電離放射線防護委員会（ICNIRP）[8] が 1998 年に発表した国際指針に基づいている。日本の防護指針も ICNIRP と同等な指針値となっている。一方、米国電気電子学会（IEEE）の電磁界安全に関わる国際委員会（ICES）[9] においても電波防護指針を独自に策定している。

　ICNIRP は、あらゆる組織から独立した専門家により利害関係にとらわれず純粋に科学的な知見に基づき、安全性に関する情報提供とガイドライン策定を行っている。その前身は 1977 年に設置された、国際放射線防護学会（IRPA）内の国際非電離放射線防護を検討する作業部会（INIRC）であったが、1992 年に ICNIRP として分離独立した。ある種の条件で選出される十数名の委員で構成される。一方、IEEE/ICES は専門家であれば利害関係に関わらず参加可能で、オープンなプロセスでガイドラインを策定している。

Q.2-6 の参考文献

[1]『電波利用における人体の防護指』, 電技審諮問第 38 号答申 , 1990.

[2]『電波利用における人体防護の在り方』, 電技審諮問第 89 号答申 , 1997.

[3]『「電波防護指針の在り方」のうち「低周波領域（10 kHz 以上 10 MHz 以下）における電波防護指針の在り方」』, 情通審諮問第 2035 号答申 , 2015.

[4]『「電波防護指針の在り方」のうち「高周波領域における電波防護指針の在り方」』, 情通審諮問第 2035 号答申 , 2018.

[5]『The correlation between mass-averaged SAR and temperature elevation in the human head model exposed to RF near-fields from 1 to 6 GHz』, A. Hirata and O. Fujiwara, Phys. ed. Biol. 54, pp. 7227-7238, 2009.

[6]『On the averaging area for incident power density for human exposure limits at frequencies over 6 GHz』, Y. Hashimoto, A. Hirata, et al., Phys.

Med. Biol., 62 (8) : 3124-38, 2017.

[7] 「Thermal modeling for the next generation of radiofrequency exposure limits: commentary」, K.R. Foster, M.C. Ziskin, Balzano Q., Health Phys., 113 (1) : 41-53, 2017.

[8] https://www.icnirp.org/

[9] https://www.ices-emfsafety.org/

Q.2-7

実際のばく露量を
どのように評価するか、
ドシメトリ（Dosimetry）は？

人体が電磁波にばく露した場合に、電磁波が人体の「どこに」、「どれだけ」吸収されたかを測定や計算によって評価することをドシメトリと言う。ある電波のばく露が防護指針に適合するかどうかを評価するために、ドシメトリすなわち SAR または温度上昇、もしくは SAR を推定するための電磁界強度（ばく露電波の）を測定することが必要となる。

　携帯電話実機や様々な電波環境に関わるドシメトリを計算シミュレーションで行う方法が考えられる。IEC と IEEE にて標準的な計算シミュレーション法を策定しているが、測定の代わりにシミュレーションだけを用いた適合性確認はまだ行われていない。携帯電話実機をいかに忠実にモデル化し、精度よく計算するかが今後の課題である。

Q.2-7-1　SARの測定は？

(1) 基本の測定法

　SARは体内に吸収される電力に関する指標となるが、実際に体内の SARを測定することは不可能である。そこで、SAR測定には人体の形状および組織の電気定数を模擬した容器および液剤を用い、通常これらをまとめてファントム（模擬人体）と呼ぶ。ファントムにスマートフォンなどを近づけて電波を送信して、液剤内に生じる電界を微小なプローブで測定する（図 2-24）。その後、電界からジュール損を計算して単位質量あたりで平均化するとSARが求まる。SAR測定法を標準化した当時は、携帯電話は主に音声通話として耳に当てて使われていた（側頭部利用）ため、ファントムの容器は頭の形を模擬している。寸法は米軍のデータを元に 90% タイルの値を採用していることから SAM（Specific Anthropomorphic Mannequin）ファントムと呼ばれている。SAMファントムで測定したSARと実際に頭部内に生じるであろうSARの比較検討が国際的に実施されており、SAMファントムを用いれば、大人および

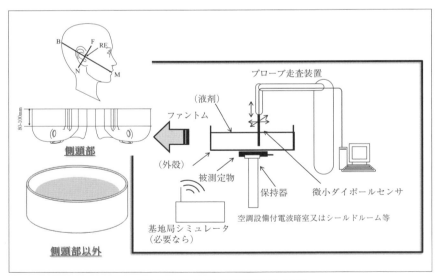

〔図 2-24〕SAR 測定装置の概要

子供の頭部に生じる SAR より大きいことが報告されている [1]。一方近年、無線通信速度が飛躍的に向上し、音声利用よりむしろ、スマートフォンやノート PC などでの動画視聴などが普及しており、側頭部ではなく胴体や四肢など全身に渡る測定が必要であることから、新たに側頭部以外の SAR 測定法が標準化された。この測定法は様々な無線通信機器から体の任意な場所（側頭部は除く）にばく露することを想定していることから、ファントムは平面形状となっている（図 2-25）。

　以上は IEC の国際標準や日本で法規制化されている「電界プローブ法」の概要であるが、この他「ファントム内の温度上昇」を測定して SAR を求める方法などがあり具体については文献 [2] を参照されたい。

	IEC/IEEE 62209-1528	
	旧IEC 62209-1	旧IEC 62209-2
適用範囲	側頭部で使用される無線機器	人体に対し20 cm以内に近接して使用される無線機器
対象部位	側頭部	側頭部を除く、頭部・胴体・四肢
想定対象機器	主に携帯電話 	側頭部以外の携帯電話・無線通信機器 
周波数	300 MHz – 6 GHz	30 MHz – 6 GHz
ファントム形状	頭部を模擬 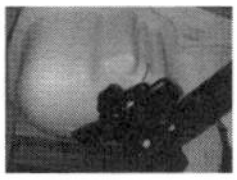	平面形状 
設置方法	頬の位置、傾斜の位置	マニュアル記載の所定の使用状態（距離、向きなど）を模擬
その他		基本的な部分は62209-1と同じ

〔図 2-25〕SAR 測定法の概要

(2) 標準化と法制度化

　平成9年4月に郵政省電気通信技術審議会（当時）（電技審）が、諮問第89号「電波利用における人体防護の在り方」[3] を答申し、局所吸収指針が新たに示されている。これに伴い電波産業会（ARIB）は、局所SARを実験的に推定する方法について、携帯電話端末などの局所吸収指針適合性評価に実際に使用できる方法を調査検討し、平成10年1月に「携帯型無線端末の比吸収率測定法標準規格 ARIB STD-T56 1.0 版」[4] に取りまとめた。この標準規格は、平成12年に国際電気標準化会議（IEC）　TC106 PT62209がSAR測定法の規格を策定する際に、先行規格として参照された。一方国内では、平成12年に諮問第118号「携帯電話端末等に対する比吸収率の測定方法」のうち「人体側頭部の側で使用する携帯電話端末等に対する比吸収率の測定方法」[5] を答申し、これに基づきSARの許容値が規定された「無線設備規則第十四条の二」が平成14年に施行された。一方、国際的には前述のPT62209が、側頭部のSAR測定法としてIEC 62209-1[6] を平成17年に発行し、さらにそれを受けて国内では平成18年に無線設備規則を改正している。また、側頭部以外のSAR測定法は、同じくIEC TC106 PT62209より平成22年にIEC 62209-2[7] が発行され、「携帯電話端末等に対する比吸収率の測定方法」のうち「人体側頭部を除く人体に近接して使用する無線機器等に対する比吸収率の測定方法」[8] を平成23年に答申している。さらに、側頭部SARの上限周波数を3 GHzから6 GHzに拡張などを行い、無線設備規則などが平成27年に改正されている。許容値は、人体は2 W/kg、四肢は4 W/kgと規定されている。その後、IECとIEEEの共同作業により62209-1と62209-2を統合したIEC/IEEE 62209-1528が令和2年10月に発行されている [9]。携帯電話や衛星携帯電話が対象だが、携帯電話端末などに搭載され同時に電波を発射する無線装置がある場合は、それらの無線装置も対象となる。例えば、スマートフォンに搭載されているWi-FiやBluetoothなどがある。また平均電力が20 mW以下の端末については適合性確認の対象外となっている。これは、20 mWの電力が10 gの生体組織に全て吸収されたとしても、10 g平均のSARは20 mW÷

10 g=2 W/kg となり制限値を超えることはないからである。

　SAR の測定は、端末の出力を最大にして測定する。実際は、図 2-26 にあるように常時最大で送信しているわけではなく、公表されている SAR 値より低い場合がほとんどである [10]。

（3）入射電力密度の測定法

　入射電力密度の測定法は、総務省情報通信審議会にて審議が行われ平成 30 年 12 月に「情報通信審議会諮問第 2042 号「携帯電話端末等の電力密度による評価方法」のうち「携帯電話端末等の電力密度の測定方法等」[11] が一部答申された。本測定法は、IEC TC106 AHG10 にて取りまとめられた技術報告書（TR）TR63170[12] を参考にしており、6 GHz 以上の周波数が対象となる。SAR 測定と異なるのは、ファントムがない状態で電磁界分布を測定し電力密度を算出することである。これは、周波数が高いことにより人体表面での吸収が主体となり、SAR 測定のようにファントム内での測定が難しいためである。

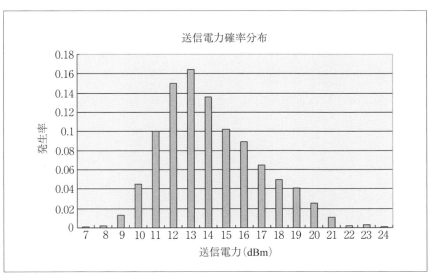

〔図 2-26〕端末の送信電力確率分布の例

（4）標準化

　誰が、どこで測定しても SAR が決められた不確かさ*の範囲内となるように、国際的な機関である国際電気標準化会議（International Electrotechnical Commission; IEC）で測定法の標準化を行っている。標準化作業には、測定器メーカー、携帯電話機メーカー、通信事業者だけでなく、試験機関、米国 FCC などの政府機関や研究機関などから専門家が参加し規格の策定を行っている。規格策定には、委員会原案（Committee Draft）、投票用委員会原案（Committee Draft for Vote）、最終国際規格案（Final Draft International Standard）の段階があり、それぞれ各国による投票を行い、最終的に国際規格（International Standard）として発行されるまでに早くても3年かかる。さらに国内では、総務省情報通信審議会　情報通信技術分科会　電波利用環境委員会にて、IEC 規格を基に SAR 測定法、入射電力密度測定法を審議・答申し国内法制度に反映している。

＊不確かさ：

　国際標準化機構（ISO）が発行している VIM（International vocabulary of basic and general terms in metrology）によると、「測定の結果に付随した、合理的に測定量に結び付けられ得る値のばらつきを特徴づけるパラメータ」であり、「誤差」とは異なる。測定には必ずばらつきや偏りなどが含まれるからでそれらを統計的に評価した値を「不確かさ」と呼ぶ。

Q. 2−7−2　電磁界強度の測定は？

　携帯電話基地局周辺の電磁界強度測定方法は、IEC 62232 [13] や ARIB TR-T21[14] などに記載されており、主な手順を図 2-27 に示している。但し、運用中の基地局アンテナについての SAR 測定は行わない。電磁界強度測定は広帯域測定と周波数選択測定に分かれる。広帯域測定は、一般に 3 軸のショートダイポールに検波用ダイオードを接続した構造の電界プローブを用いる。周波数スペクトルの分析はできないので、ばく露評価を行うにあたり事前に評価対象の送信信号の周波数情報を得る必要がある。一方、周波数選択測定は、スペクトルアナライザや無線レシーバを用いる。広帯域測定に比べて弱い電磁界強度でも正確な測定が可能である。周波数スペクトルの分析が可能であり、信号の周波数ごとにばく露評価が可能である。携帯電話基地局は鉄塔や建物等に設置されることが一般的であるが、近年では地中に設置し地上にエリアを構築する地中埋設型基地局が導入されている。従来とは異なり身体の上方で

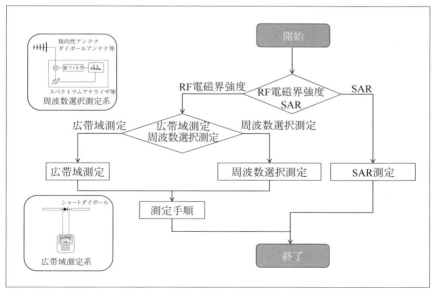

〔図 2-27〕携帯電話基地局周辺の電磁界強度測定手順

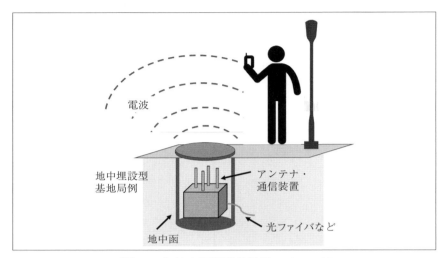

〔図 2-28〕地中埋設型基地局のイメージ

はなく、より身体に近い下方の位置に設置されるため、新たな評価法について「地中埋設型基地局等の新たな無線システムから発射される電波の強度等の測定方法及び算出方法に係る技術的条件」として情通審諮問第 2045 号の答申がなされた [15]。

Q. 2−7−3　防護の３原則とは？

　電波の生体影響にはばく露量に関して熱作用、電流刺激作用などのいき値があり、防護指針以下のばく露であれば健康リスクはないというのが合理的な考え方である。しかし「全くない」は証明不可能であるから、そのリスクが仮に存在するとして「より安心できる状況（気持ちだけの問題かもしれない）を実現する原則」を紹介する。未知の有害性と不確実性に応じて、"ALARA"（As Low As Reasonably Achievable：「合理的に達成できる限り低く」の頭文字）、「予防原則：用心のための原則」（Precautionary Principle）、「慎重なる回避」"Prudent Avoidance" の３種類が従来から提案・実践されている。なお Q.2-5-8 のリスクマネジメントの解説も参照されたい。

(1)"ALARA" は、リスクが確率論的なものであって、閾値が存在しない（ごくわずかな量のばく露であっても、健康への影響が起こり得る）と推定されている場合に限られる管理政策とされており、電離放射線のリスク管理政策において用いられている。つまり、"ALARA" は、リスクを最小化することが必要なリスク管理において採用されるものと考えられる。また、"ALARA" を採用する際は、経費や効果、実行可能性などの要因を考慮した上で実施すべきものとされている。

(2)「予防原則」は、現時点では科学的に確認されていない未知のリスクであっても、科学的不確実性が大きく、潜在的に重大になり得るものに対して、何らかの方策を適用するとの考え方とされる。例えば「狂牛病」のように確率的には極めて僅かであるが重篤な影響があるかもしれない場合の予防に適用された例がある。電波の人体への影響についても、現時点においては一定程度の科学的不確実性を持つものとされるため、この原則を適用することの是非について、様々な意見が呈されている。

(3)「慎重なる回避」は、その対策がリスクを低減することは科学的な観点からはほとんど期待できなくとも、低いコストや実効可能性を考慮した上で対策を採用するリスク管理の方策のことであり、もともと北欧諸国等における低周波電磁界分野のリスク管理において提唱された

考え方である。送電線のルートを特定の住宅地を迂回して建設するこ
とで住民の不安をなくすといった例である。

Q.2-7 の参考文献

[1] 『Comparisons of Computed Mobile Phone Induced SAR in the SAM
　　Phantom to That in Anatomically Correct Models of the Human Head』, B.
　　B. Beard, et al., IEEE Trans. EMC, vol. 48, no. 2, 2006.
[2] 『携帯型無線端末の比吸収率測定法』, ARIB STD-T56 3.3 版 , 2015.
[3] 『電波利用における人体防護の在り方』, 電技審諮問第 89 号答申 ,
　　1997.
[4] 『携帯型無線端末の比吸収率測定法標準規格』, ARIB STD-T56 1.0 版 ,
　　1998.
[5] 『「携帯電話端末等に対する比吸収率の測定方法」のうち「人体側頭部
　　の側で使用する携帯電話端末等に対する比吸収率の測定方法」』, 電技
　　審諮問第 118 号答申，2000.
[6] 『Human exposure to radio frequency fields from hand-held and body-
　　mounted wireless communication devices – Human models, instrumentation,
　　and procedures – Part 1: Procedure to determine the specific absorption rate
　　(SAR) for hand-held devices used in close proximity to the ear (frequency
　　range of 300 MHz to 3 GHz) 』, IEC 62209-1, 2005.
[7] 『Human exposure to radio frequency fields from hand-held and body-
　　mounted wireless communication devices – Human models, instrumentation,
　　and procedures – Part 2: Procedure to determine the specific absorption rate
　　(SAR) for wireless communication devices used in close proximity to the
　　human body (frequency range of 30 MHz to 6 GHz) 』, IEC 62209-2, 2010.
[8] 『「携帯電話端末等に対する比吸収率の測定方法」のうち「人体側頭
　　部を除く人体に近接して使用する無線機器等に対する比吸収率の測定
　　方法」』, 電技審諮問第 118 号答申，2011.
[9] 『Measurement procedure for the assessment of specific absorption rate of
　　human exposure to radio frequency fields from hand-held and body-worn

wireless communication devices - Human models, instrumentation and procedures (Frequency range of 4 MHz to 10 GHz)』, IEC/IEEE 62209-1528, 2010.

[10]『次世代移動通信方式委員会報告』, 電技審, 1999.

[11]『「携帯電話端末等の電力密度による評価方法」のうち「携帯電話端末等の電力密度の測定方法等」』, 情通審諮問第 2042 号答申, 2018.

[12]『Measurement procedure for the evaluation of power density related to human exposure to radio frequency fields from wireless communication devices operating between 6 GHz and 100 GHz』, IEC TR63170 ed. 1, 2018.

[13]『Determination of RF field strength, power density and SAR in the vicinity of radio communication base stations for the purpose of evaluating human exposure』, IEC 62232 Ed.2.0, 2017.

[14]『移動無線基地局アンテナの電波防護に関わる電磁界と SAR 評価のための測定・計算法』, ARIB TR-T21 1.0 版, 2012.

[15]『「基地局等から発射される電波の強度等の測定方法及び算出方法」のうち「地中埋設型基地局等の新たな無線システムから発射される電波の強度等の測定方法及び算出方法に係る技術的条件」』, 情通審諮問第 2045 号答申, 2021.

あとがき

　本書を読まれて身の回りの電波が健康に悪影響を及ぼすことはないだろうとする根拠を理解して頂けただろうか。本書の説明で安心できたとなれば著者らは本書の目的が達せられたとホットする次第である。

　自然由来ではない人工的な電波に人がばく露している期間は大雑把にHertzの実験から130年余り、携帯電話電波については1990年からとして約30年になる。この間の経験と多くの実験調査から得た知見が科学的根拠となるが、本書でも解説しているように、少なくとも携帯電話電波には晩発的または蓄積的な作用はないと考えられるので、そろそろ既存の携帯電話電波の安全性の議論に一つの区切りをつけて良いのではと著者らは考える。

　終わりの見えない実験研究の繰返しは資金と時間の浪費でしかない。しかし勿論、新たな周波数、従来とは違った特殊な変調電波を対象とした実験研究調査を実施することは安全安心の科学的証拠を得るために重要であり、それが新たな発見を生むことにもなるかもしれない。

　電波産業会電磁環境委員会はその前身の財団法人電波システム開発センター（RCR）時代（1990年頃）から今日まで継続して各種の実験研究調査（委託または共同）を遂行してきた。この活動を進めるに際して、電磁環境委員会の初代委員長であった故斎藤正男東京大学名誉教授が提言された活動方針の三原則（オリジナル文章）を紹介する。

斎藤先生の三原則：

　・第一は「社会性」で、現在の電磁環境問題は、学術的な関心事ではなく、一般の人々の不安を代表するものだということです。学術的には問題でなくても、不安を抱く人が居ることは事実ですから、委員会はその不安を解消するために努力すべきです。

　・第二は「民間性」で、民間組織としては、電磁界に関するすべての問題を検討するのではなく、その時々の社会の関心事に重点を集中して解決を図るべきだということです。

　・第三は中立性で、「そのようなことが起きるはずがない」と思われる

問題でも、始めから否定するのではなく、「世の中に不安があるから
考えてみよう」という立場を取りたいと思います。そうでないと、
学術的な正しい議論でも説得力が消えてしまいます。

「はじめに」に述べたように、本書の記述のベースには電磁環境委員
会が約 30 年間実施してきた各種の実験研究調査から得た知識と情報が
ある。末筆ではありますが委託研究・共同研究を遂行して頂いた先生方
並びに関係者の方々に厚く感謝申し上げます。また記述した基本知識の
多くは米国での膨大な研究蓄積がベースであり、公表資料などで確認で
きない部分について元モトローラ社副社長 Quirino Balzano 博士並びに
Chung-Kwang Chou 博士から様々な情報を提供して頂いた。心から感謝
の意を表します。

索引

A

ADHD ······························ 39, 52
ALARA ···························· 97, 255
ARPANSA ······················ 21, 85-94

B

BBB······························· 42
Bluetooth ···························· 250

C

CCIR（ITU-R）························ 130
CNS 腫瘍 ························· 11-12, 24

D

Diathermy····························· 197
Disturbance ············· 74, 130, 132, 137, 144
DMBA ···························· 25-26
DNA ·············30, 57, 84, 128, 168, 180, 217

E

EHC ······························ 77, 82
EHS ················61, 79, 81, 86, 93, 192, 223
Einstein····················· 149-153, 164, 182
Electric Wave ············ 126, 130-136, 145, 149
ENU ····························24, 26
EU ·····························30, 81

F

FCC····························· 27, 252
FDA······························28, 83
Frey effect···························220

G

GFAP 染色領域 ························24
GLP····························226

H

HCN ·························18, 27, 95
Hertz ················130, 133, 144, 149, 196
Hertzian waves ·····················127

I

IARC ·············· 7, 12-14, 18, 34, 79, 85, 95
ICES ····························242
ICNIRP ···············27, 29, 74, 82, 196, 242
IEC ··················· 196, 247, 249-253
IEEE ····74, 142, 164, 215, 216, 221, 237, 242, 249
IF ·······························164
INIRC ····························242
Interphone study ··············7, 12, 15, 16, 79
IRPA ····························242
ITU ·················· 127, 129, 135, 149, 164

L

Let go current ······················213

M

Maxwell ··········· 130, 137, 143, 159, 164, 196
MHE(Microwave Hearing Effect)····216, 220, 223

N

NIH ·····························27
NTP·····························27-29

P

PHE·····························94-95
Photon ····························150, 181
Precautionary principle ············ 15, 232, 255
Prudent avoidance ··················97, 255

R

Radio, Radio frequency, Radio wave
·············· 12, 126-130, 135-137, 142, 149, 164
Radio bands ····················127, 129
REFLEX····························30-32
Replication study ····················200
RF ·················· 12, 29, 77-99, 164, 253

S

SA ·······················158, 209-210
SAM ファントム ····················248
SAR········ 23, 30, 37, 42, 157, 162, 208, 237, 248
SSI/SSM ························98-100

T

Transgenic mice ················ 23, 200

W

WHO ········· 73, 77, 85-87, 92, 164, 223-225, 233
WHO International EMF project ········· 77, 164
Wi-Fi ···················· 53, 63, 86, 91-92, 250

X

X線········· 24, 84, 128, 164, 179, 188, 196, 217

あ

悪性腫瘍 ····················· 7, 25, 98, 217
アスベスト ························· 14, 217
アポトーシス ············· 31-33, 42, 57, 103
安全施設 ····························240
安全率·····························209

い

イオンチャネル ············· 195, 219- 222
遺伝子導入·····························23
遺伝毒性 ························30, 32, 57
伊藤潔 ······················ 130-131, 136
イニシエーション ·····················218
陰性対照··············· 225-226, 228-230
インターフォン研究 ··········· 7, 12, 15, 16, 79
インターロイキン ·······················34

う

後ろ向きコホート研究 ················· 22, 231

え

英国公衆衛生庁··························94
疫学····················· 7, 78-99, 198, 230
エストロゲン ······················ 40-41, 44
エネルギー素量 ······················ 182-183
エレベータ ························ 159, 162
遠隔作用····························149, 152

お

欧州連合·························· 30, 81
オーストラリア放射線防護・原子力安全庁·· 21, 85
横断研究 ···························231
オッズ比（OR）····················· 7, 231
オランダ保健評議会 ················ 27, 95
温感·····························219
温熱療法 ························ 196-197

か

角膜影響······················· 74, 211
確率的影響····················· 3, 179-180, 255
下垂体······················· 8, 25, 96
確定的影響·····················209
カナダ保健省 ·····················84-85
活性酸素 ·············· 44, 57, 179, 185, 218
カーボンナノチューブ ·····················217
カルシウムイオン ············· 44, 168, 178, 221
肝臓······················· 25-26, 43
がん ··········· 5, 78-87, 95-99, 197-201, 217
環境保健クライテリア（EHC）·············· 77, 82
感知··············· 64, 178, 194, 211, 213, 219
ガンマ線（γ線）······· 80, 128, 151, 155, 164, 176
管理指針······················ 237-238

き

擬似ばく露 ······················ 225-229
基礎指針 ···················· 216, 237-238
基本制限·················· 82, 215-216, 237-238
局所SAR······· 158, 162, 212, 237-238, 250
局所吸収指針 ················ 166, 237-239, 250
局所ばく露 ····················· 208, 211-212
共振 , 共鳴
········74, 166, 178, 182, 184, 186, 188, 217, 221
近接作用·····························149

く

グリア細胞 ·····························24
グループ2B ················· 12-14, 34, 79-80

け

ケージ対照 ··········· 25-26, 42, 225-226, 229
携帯電話基地局
········· 19, 63, 69, 78, 86, 89, 161, 240, 253
携帯電話電波···· 12, 23, 31, 37, 81, 147, 159, 198,
血液脳関門（BBB）····················42

こ

甲状腺·····························44
高周波························· 164, 166
光子（光量子） ··· 128, 150, 154, 164, 180, 194
光速度 ·················· 144, 145, 149, 163
光電効果··············· 143, 150-152, 164, 180
交絡因子 ············· 49, 70, 80, 103, 200, 231
呼吸器系·····························25

国際がん研究機関（IARC）
・・・・・・・・・・・・・・・・・・ 7, 12-14, 18, 34, 79, 85, 95
国際電気通信連合（ITU）・・ 127, 129, 135, 149, 164
国際電磁界プロジェクト ・・・・・・・・・・・・・・ 77, 164
国際非電離放射線防護委員会（ICNIRP）
・・・・・・・・・・・・・・・27, 29, 74, 82, 196, 242
国家毒性プログラム（NTP）・・・・・・・・・・・ 27-29
子ども・・・・・・・・・・・・ 14, 39, 47, 82, 88, 91, 94
コードレス電話・・・・・・・・・・・・・・・・・・ 10, 53, 88
コヒーレント ・・・・・・・・・・・・・・・・・・・・・・・・・ 74
コホート（研究）・・・・ 11, 18, 22, 49, 80, 81, 97, 231
コメット・アッセイ ・・・・・・・・・・・・・・・・・ 32, 57
昆虫・・・・・・・・・・・・・・・・・・・・・・・・・・・・・・・・ 67
コンプトン効果・・・・・・・・・・・・・・・・・・・・・・ 151

さ

サイクロトロン共鳴・・・・・・・・・・ 167, 178, 188, 221
サイトカイン ・・・・・・・・・・・・・・・・・・・・・・・・・ 34
細胞研究・・・・・・・・・・・・ 30, 34, 82, 227, 228, 230
桜井時雄・・・・・・・・・・・・・・・・・・・・・・・・・・・ 137
サッカード・・・・・・・・・・・・・・・・・・・・・・・・・・ 38

し

磁界（磁場）
・・・・・ 40, 131, 144-149, 156, 162, 166-168, 176
磁気閃光・・・・・・・・・・・・・・・・・・・・・・ 195, 213
子宮・・・・・・・・・・・・・・・・・・・・・・・・ 25, 51-52
刺激作用・・・・・・・・・ 3, 83, 175, 191, 207, 213, 237
シューマン共振・・・・・・・・・・・・・・・・・・・・・・ 193
腫瘍・・・・・・・・ 7, 18, 23-27, 30, 33-34, 95-98, 199
シュバシコウ（コウノトリ）・・・・・・・・・・・・・・・ 69
集中欠陥・多動性障害 ・・・・・・・・・・・・・・・・・ 39
自由空間 ・・・・・・・・・・・・・・・・・・ 156, 159, 162
周波数・・・・・・・・・・・・ 127-129, 163-166, 182
受容体, 受容器・・・・・・・45, 181, 194, 208, 213, 219
症例対照研究・・・・・・・・ 7-8, 10, 14, 18, 80, 99, 231
小核 ・・・・・・・・・・・・・・・・・・・・・ 24, 30, 34
食品医薬品局（FDA）・・・・・・・・・・・・・・・28, 83
植物・・・・・・・・・・・・・・・・・ 70, 73, 219, 222
信頼区間・・・・・・・・・・・・・・・・・・・・・・・・・・・ 8
神経芽腫・・・・・・・・・・・・・・・・・・・・・・・・・・・ 33
神経膠腫・・・・・・・・・・・ 8-12, 15-18, 81, 96, 98
神経鞘腫・・・・・・・・・・ 7-11, 18, 27-28, 81, 96, 98
神経分化・・・・・・・・・・・・・・・・・・・・・・・・・・・ 31
心臓血管系 ・・・・・・・・・・・・・・・・・・・・・・・・・ 78
慎重なる回避（Prudent avoidance）・・・・・・ 97, 255

深部体温・・・・・・・・・・・・・・・・・・・ 28-29, 208

す

睡眠・・・・・・・・・・・・・・ 40, 46, 63-64, 78, 81, 98
髄膜腫 ・・・・・・・・・・・・・・・ 8-9, 11-12, 18, 96
スウェーデン放射線防護局（SSM）・・・・・・ 98-100
スカベンジャー・・・・・・・・・・・・・・・・・・・・・・ 218
スズメ・・・・・・・・・・・・・・・・・・・・・・・・・・・・・ 69
ストレス・・・・・・・・ 26, 31, 33, 46, 57, 218, 223, 238

せ

精子, 精巣 ・・・・・・ 22, 43, 45, 51, 57, 84, 99, 128
生殖系（生殖）・・・・・・・・・・ 13, 25, 57-59, 82, 99
世界保健機関（WHO）
・・・・・・・・・ 73, 77, 85-87, 92, 164, 223-225, 233
赤外線・・・・・・・・・・・73, 128, 154, 165, 176, 195
脊髄腫瘍 ・・・・・・・・・・・・・・・・・・・・・・・・・・・ 7
赤血球・・・・・・・・・・・・・・・・・・・・・・・ 24, 128
セロトニン・・・・・・・・・・・・・・・・・・・・・・ 41, 45
全身ばく露・・・・・・ 23-25, 27, 43, 77, 209, 212
全身平均 SAR ・・42-45, 158, 162, 209, 211, 212, 237
線維 ・・・・・・・・・・・・・・・・・・・ 24-25, 30, 33
腺がん ・・・・・・・・・・・・・・・・・・・・・・・・・・・ 25
染色体・・・・・・・・・・・・・・ 30, 34, 200-201, 217
線虫 ・・・・・・・・・・・・・・・・・・・・・・・・・・・・・ 33

そ

想起バイアス ・・・・・・・・・・・・・・・・・・ 8, 18, 231
訴訟・・・・・・・・・・・・・・・・・ V, 196, 198-201, 217
相対リスク（RR）・・・・・・・・・・・・・ 12, 17, 231
総務省 ・・・・・・・・・・・・・・・83, 126, 130, 162

た

ダイポールアンテナ ・・・・・・ 147, 157, 159-161, 253
太陽（電磁波, 放射）
・・・・・・ 14, 153, 155, 161, 166, 180, 193-194
太陽電池・・・・・・・・・・・・・・・・・・ 151, 164, 180
タンパク質（光受容ほか）
・・・・・・・・・・・ 31, 33, 178, 181, 185, 194, 219, 222

ち

蓄積・・・・・・・・・・・・・・・・ 179, 211, 217, 258
地中埋設型基地局・・・・・・・・・・・・・・・・・・・ 253
中間周波・・・・・・・・・・・・・・・・・ 81, 98, 164
超音波・・・・・・・・・・・・・・・・・ 154, 181, 219
聴神経鞘腫・・・・・・・・・ 7-11, 18, 80-81, 96, 98

超高周波 ···································· Ⅲ
聴覚機能 ······························· 37, 39
長期ばく露 ···················· 25-26, 45, 69

つ

通信機器 ························ 22, 164, 249
痛覚 ·································· 219-220

て

低レベル作用 ··············· 175, 215-216, 221
適合性確認 ····················· 240, 247, 250
テストステロン ························ 44-45
鉄イオン ······························· 185
テラヘルツ波 ··························· 73
電界 (電場) ·············· 131, 144-149, 156
電気的作用 ······················· 175, 178
電気波 ········· 126, 130, 133-136, 145, 148, 152
電気訳語集 ··················· 130-132, 136
電子波 ······························ 183-184
電子レンジ ···· 161, 167-168, 180, 184, 197, 211
電磁エネルギー ····· 146-149, 156, 175, 186, 198
電磁界強度 ······· 77, 164, 181, 187, 211, 237, 253
電磁過敏症 (EHS) ··· 61, 79, 81, 86, 93, 192, 223
電磁波 ············ 121, 140, 175, 193, 219, 225
電波 ··················· 126-142, 145-150
電波帯域 (無線帯域) ················ 127, 129
電波法 ····· 126, 127, 130, 135, 136, 142, 240
電離，非電離，電離エネルギー
 ············· 127, 128, 151, 165, 176, 179-184, 217
電流戦争 ······························ 196
電力束密度 ·· 74, 146, 156, 160, 193, 211, 238, 240
電力密度 ··························· 156, 158

と

銅イオン ······························· 186
動物研究 ····· 23, 27, 41, 58, 78, 95-99, 229-230
特殊相対性理論 ···················· 149, 152
ドシメトリ ····················· 103, 226, 247

な

内分泌系 ·························· 25, 44
長岡半太郎 ···························· 131

に

入射電力密度 ······ 166, 237, 238, 239, 251, 252
ニューロン ····························· 31

妊娠 ·················· 24, 49-54, 57-58, 82, 208

ね

熱作用 ········ 175, 185, 195, 208, 215, 237, 255
熱ショックタンパク質 ················· 31, 33

の

脳機能 ·························· 7-8, 37-46
脳腫瘍 ··········· 7, 18, 24, 79, 84, 98, 196, 198
ノセボ ·················· 63, 64, 93, 99
脳電図，脳波 ··········· 37-38, 45-46, 78, 81

は

肺 ································ 25-27
発がん性評価・分類 (IARC) ········· 12-13, 79
発がんメカニズム ····················· 13, 217
白血球 ·························· 30, 185, 218
白血病 ················· 11, 19-22, 99
白内障 ················· 193, 196, 197, 211
波長 ········ 74, 128, 146, 152, 163, 165, 183, 211
発熱作用 ························· 175, 177
パルス波 ···· 25, 34, 37-38, 169, 187, 211, 222, 223
ハルダー腺 ······························ 25
パールチェイン効果 ···················· 178
晩発性 ························· 179, 211, 217

ひ

ピエゾ ·························· 220, 222
比吸収 (SA) ····················· 158, 209
比吸収率 (SAR) ···· 158, 208, 239, 240, 247-253
非腫瘍性病変 ·························· 27
非線形作用 ········· 175, 186, 195, 211, 221, 222
ヒトボランティア ·················· 220, 230
非熱作用 ············· 150, 160, 170, 215-219
皮膚がん ··················· 20, 22, 196
標準化発生率 (SIR) ················· 11, 16, 21
標準化死亡率 (SMR) ···················· 20
表皮効果 ····················· 158, 166, 208

ふ

ファクトシート ········· 77, 79, 85, 89, 223, 224
不気味な遠隔作用 ····················· 152
複合作用 ····························· 188
輻射 ································· 154
副腎 ·························· 25, 44
復調 ································· 169

不確かさ ・・・・・・・・・・・・・・・・・・ 94, 209, 252
物理的作用 ・・・・・・・ 175, 179, 192, 207, 216, 223
不定愁訴 ・・・・・・・・・・・・・・・・・・ 197, 223
プラセボ ・・・・・・・・・・・・・・・・・・・・・・63
プランク定数 ・・・・・・・・・・・・・・・・・ 181-182
フレイ効果（Frey 効果）・・・・・・・・・・・・・・・220
プログレッション ・・・・・・・・・・・・・・・・・218
プロモーション ・・・・・・・・・・・・・・26, 96, 218

へ

平均時間 ・・・・・・・・・・・・・・・ 157, 158, 209
平面波 ・・・・・・・・・・・・・・・・146, 209, 212
ヘテロダイン ・・・・・・・・・・・・・・・・・・164
変位電流 ・・・・・・・・・・・・・・・・・・ 143-145
変調 ・・・・・・・・・・・169, 170, 178, 186, 220, 227
ヘンペルのカラス ・・・・・・・・・・・・・・・・201

ほ

ポインティングベクトル ・・・・・ 133-135, 147-149, 157
ホイヘンスの原理 ・・・・・・・・・・・・・・・・151
防護基準・指針 ・・ 168, 178, 196-197, 199, 207-213,
237-242
防護の3原則 ・・・・・・・・・・・・・・・・・・255
放射（放射線）・・・・・・・・・ 14, 128, 153-155, 193
放射熱 ・・・・・・・・・・・・・・・・・・・・144
放送施設 ・・・・・・・・・・・・・・・・・ 19-21, 40
ホーンアンテナ ・・・・・・・・・・・・・・・・・148
星状細胞腫 ・・・・・・・・・・・・・・・・・ 10, 23
ホットスポット ・・・・・・・・・・・・・ 163, 165-167
ポパーの科学 ・・・・・・・・・・・・・・・・・・201
ホルミシス効果 ・・・・・・・・・・・・・・・・・192
ホルモン ・・・・・・・・・・・・・40, 41, 44, 46, 218

ま

μ（マイクロ）波聴覚効果 ・・・・・・・・216, 220, 223
前向きコホート ・・・・・・・・・・・・・・・12, 231
マグネタイト ・・・・・・・・・・・・・・・・・・176
松代松之助 ・・・・・・・・・・・・・・・・ 130, 133
慢性腎臓疾患 ・・・・・・・・・・・・・・・・・・28

み

ミツバチ ・・・・・・・・・・・・・・・・・ 70, 178
ミリ波 ・・・・・・・・・・・・・・・・・・・・・73

む

無線周波（IARC の RF 定義）・・・・・・・・・・・・12

無線波 ・・・・・・・・・・・・・・・・・・・・137
無熱作用 ・・・・・・・・・・・・・・・・・・・215

め

眼のがん ・・・・・・・・・・・・・・・・・・・・22
メラトニン ・・・・・・・・・・・・・ 40-41, 43-46, 218
免疫 ・・・・・・・ 25, 31, 34, 180, 185, 192, 200, 218

も

盲検（法）・・・・・・ 37-39, 63, 82, 200, 201, 226-229
モスクワシグナル ・・・・・・・・・・・・・ 196-198

や

ヤングの実験 ・・・・・・・・・・・・・・・ 151-152

ゆ

有毛細胞 ・・・・・・・・・・・・・・・・・ 220-221
優良試験所基準（GLP）・・・・・・・・・・・・・・226

よ

陽性対照 ・・・・・・・・・・・・・42, 103, 225-229
横波 ・・・・・・・・・・・・・・ 143, 145, 146, 156
予防原則 ・・・・・・・・・・・・・・・ 232-233, 255

ら

ラジカル，フリーラジカル
・・・・・・・・・・・・・ 31, 58, 154, 179-181, 184, 218

り

リスクマネジメント ・・・・・・・・・・・・・・・232
粒子 ・・・・・・・・・・・ 84, 150-155, 164, 168, 181
量子 ・・・・・・・・・・・ 150-152, 164, 180-184
リンパ腫 ・・・・・・・・・・・・ 19, 22, 23, 25-26

れ

励起 ・・・・・・・・ 154, 176, 179, 181, 184, 194, 219
レーダー ・・・・・・22, 41, 73, 129, 131, 197, 198, 220

■ 著者紹介 ■

野島 俊雄（のじま としお）

北海道大学　名誉教授

1974 年、北海道大学大学院工学部電子工学専攻修士課程修了、工学博士（北海道大学）、
同年旧日本電信電話公社横須賀電気通信研究所入社。
以来、μ波通信・移動通信の研究実用化、
電磁波の生体影響と防護・EMC の研究、標準化活動に従事。
株式会社 NTT ドコモ電波環境特別研究室長、
北海道大学大学院工学研究科～情報科学研究科教授、
2015 年、定年退官。
電波産業会電磁環境委員会委員長、日本デバイス治療研究所理事、
元北海道電波適正利用推進員協議会会長など。
・所属学会など：IEEE、BEMS、電子情報通信学会

大西 輝夫（おおにし てるお）

前株式会社 NTT ドコモ

1987 年、東京理科大学理工学部卒業。千葉大学大学院博士課程修了　工学博士。
2019 年、株式会社 NTT ドコモ退職。現在、国立研究開発法人情報通信研究機構勤務。
電波産業会　電磁環境委員会　調査研究部会　部会長、規格会議　第 38 作業班　主
任、BEMS 理事などを歴任。
現在、IEEE/ICES TC34 議長、IEC TC106 JWG12 コンビナーなど。
・専門：生体電磁気学、環境電磁気学、電磁波計測
・所属学会など：IEEE、BEMS、電子情報通信学会

● ISBN 978-4-910558-08-0　　神奈川工科大学　クライソン トロンナムチャイ　著

設計技術シリーズ

自動車用
パワーエレクトロニクス
─基盤技術から電気自動車での実践まで─

定価4,400円（本体4,000円＋税）

**第1章　自動車用パワーエレクトロ
ニクスの概論**
1－1．自動車の歴史と現状
1－2．カーエレクトロニクスの歴史と
　　　現状
1－3．パワーエレクトロニクスの歴史
　　　と現状
1－4．自動車におけるパワーエレクト
　　　ロニクスの歴史と現状
1－5．自動車用パワーエレクトロニク
　　　スの特徴と今後の動向
1－6．本書の狙いと構成

**第2章　自動車用
　　　　パワー半導体デバイス**
2－1．パワーMOSFET
2－2．絶縁ゲート型バイポーラトラン
　　　ジスタ（IGBT）
2－3．スーパージャンクション
　　　MOSFET（SJ-MOSFET）の構
　　　造と特徴
2－4．パワー半導体デバイスの破壊メ
　　　カニズム
2－5．パワー半導体デバイスの保護
2－6．パワー半導体デバイスの集積

第3章　自動車用パワーエレクトロ

ニクスの回路技術
3－1．ハイサイド・スイッチ
3－2．ハーフブリッジ回路
3－3．状態平均化法
3－4．Hブリッジ回路
3－5．スナバ回路
3－6．ソフトスイッチング
3－7．3相インバータ回路
3－8．V結線インバータ回路

**第4章　自動車用パワーエレクトロ
ニクスの熱管理技術**
4－1．自動車用パワーエレクトロニク
　　　スの熱管理に関する基本知識
4－2．高放熱化技術
4－3．次世代放熱技術

**第5章　自動車用パワーエレクトロ
ニクスの信頼性**
5－1．自動車用パワーエレクトロニク
　　　スの信頼性に関する基本知識
5－2．自動車用パワーエレクトロニク
　　　スの故障を表すモデル
5－3．自動車用パワーエレクトロニク
　　　スの信頼性予測
5－4．自動車用パワーエレクトロニク
　　　スの故障解析

**第6章　自動車用パワーエレクトロ
ニクスの電磁干渉抑制技術**
6－1．自動車分野における電磁
　　　両立性（Electromagnetic
　　　Compatibility、EMC）の基本知識
6－2．EMI発生源の特定
6－3．自動車用EMI対策技術

**第7章　電動車用
　　　　パワーエレクトロニクス**
7－1．電動車の電気系統
7－2．高電圧バッテリーとその管理
7－3．車載充電器
7－4．高電圧ジャンクションボックス
7－5．電動車用モータとベクトル制御

発行／科学情報出版（株）

● ISBN 978-4-910558-05-9

福岡大学　加藤 義尚　編著

設計技術シリーズ

電子機器の小型化・高性能化のための部品内蔵基板設計

定価4,620円（本体4,200円＋税）

1章　はじめに

2章　部品内蔵基板技術の歴史
2.1　配線板の登場
2.2　銅張積層板／
　　　プリント配線板の進化
2.3　部品内蔵基板の登場

3章　構造工法利点課題
3.1　はじめに
3.2　構造
3.3　工法
3.4　利点（メリット）
3.5　構造上の留意点
3.6　まとめ

4章　製造技術（有機基板、フレックス基板、薄膜キャパシタ内蔵基板、能動部品内蔵パッケージ）
4.1　部品内蔵配線板EOMIN™の開発
4.2　TDKのIC内蔵基板技術「SESUB」
　　　（Semiconducter Embedded in SUBstrate）

4.3　部品内蔵フレックス基板
4.4　薄膜キャパシタ内蔵基板の開発
4.5　部品内蔵と
　　　ウェハレベルパッケージ技術

5章　材料・部品
5.1　材料
5.2　受動部品

6章　適用分野・用途・展開
6.1　一般製品用途
6.2　車載分野

7章　試験・検査・品質（信頼性試験、出荷検査および電気試験、CAE 活用）
7.1　はじめに
7.2　出荷審査および電気試験
7.3　部品内蔵プリント配線板の信頼性確保のためのCAE活用

8章　設計とCAD技術
8.1　部品内蔵基板設計に必要なCAD技術
8.2　部品内蔵基板設計へのCADの対応
8.3　現状とのギャップと懸念点
8.4　必要となるCAD技術革新
8.5　今後の展望

9章　規格、特許、および環境
9.1　国際標準
9.2　特許
9.3　環境規制動向

10章　公的研究機関
10.1　はじめに
10.2　日本国内の公的研究機関
10.3　海外の公的研究機関
10.4　まとめ

11章　今後の展開・展望
11.1　今後の展開
11.2　今後の展望

発行／科学情報出版（株）

●ISBN 978-4-910558-03-5

日本大学　綱島 均
同志社大学　橋本 雅文　著
金沢大学　菅沼 直樹

設計技術シリーズ

カルマンフィルタの基礎と実装
―自動運転・移動ロボット・鉄道への実践まで―

定価4,620円（本体4,200円＋税）

第Ⅰ部　カルマンフィルタの基礎
第1章　線形カルマンフィルタ
1－1 確率分布／1－2 ベイズの定理／1－3 動的システムの状態空間表現／1－4 離散時間における動的システムの表現／1－5 最小二乗推定法／1－6 重み付き最小二乗推定法／1－7 逐次最小二乗推定法／1－8 線形カルマンフィルタ（KF）

第2章　非線形カルマンフィルタ
2－1 拡張カルマンフィルタ（EKF）／2－2 アンセンティッドカルマンフィルタ（UKF）

第3章　データアソシエーション
3－1 センサ情報の外れ値の除去／3－2 ターゲット追跡問題におけるデータ対応付け

第4章　多重モデル法による状態推定
4－1 多重モデル法／4－2 Interacting Multiple Model（IMM）法

第Ⅱ部　移動ロボット・自動車への応用
第5章　ビークルの自律的な誘導技術
5－1 はじめに／5－2 ビークルに搭載されるセンサ／5－3 ビークルの自律的な誘導に必要とされる技術／5－4 カル

マンフィルタの重要性
第6章　自己位置推定
6－1 はじめに／6－2 自己位置推定の方法／6－3 デッドレコニングとRTK-GPSによる自己位置推定／6－4 デッドレコニングの状態方程式／6－5 ランドマーク観測における観測方程式

第7章　LiDARによる移動物体追跡
7－1 はじめに／7－2 LiDARによる周辺環境計測／7－3 移動物体検出／7－4 移動物体追跡／7－5 実験

第8章　デッドレコニングの故障診断
8－1 はじめに／8－2 実験システムとモデル化／8－3 故障診断／8－4 実験

第9章　LiDARによる道路白線の曲率推定
9－1 はじめに／9－2 実験システムと白線検出／9－3 白線の線形情報推定／9－4 実験

第10章　路面摩擦係数の推定
10－1 はじめに／10－2 IMM法による状態推定／10－3 推定シミュレーション／10－4 実車計測データへの適用

第Ⅲ部　鉄道の状態監視への応用
第11章　鉄道における状態監視の現状と展望
11－1 はじめに／11－2 状態監視の一般的概念と方法／11－3 車両の状態監視／11－4 軌道の状態監視／11－5 軌道状態監視システムの開発事例／11－6 今後の展望

第12章　軌道形状の推定
12－1 はじめに／12－2 車両モデル／12－3 軌道形状の推定／12－4 シミュレーションによる推定手法の評価／12－5 実車走行試験

第13章　鉄道車両サスペンションの異常検出
13－1 はじめに／13－2 鉄道車両サスペンションの故障診断／13－3 シミュレーションによる推定手法の検証

発行／科学情報出版（株）

●ISBN 978-4-910558-02-8

千葉工業大学　熱海 武憲　著

設計技術シリーズ

精密サーボ制御の高精度化手法
—基礎から実践設計まで—

定価3,960円（本体3,600円+税）

第1章　はじめに
第2章　準備
2.1　離散時間系
2.2　サンプラと0次ホールド
2.3　サンプル値制御系
2.4　離散化手法
　2.4.1 0次ホールドによる離散化／2.4.2 むだ時間を含む0次ホールドによる離散化／2.4.3 双1次変換による離散化／2.4.4 整合z変換による離散化
2.5　フィルタ
　2.5.1 ノッチフィルタ／2.5.2 ピークフィルタ／2.5.3 ローパスフィルタ／2.5.4 位相進みフィルタと位相遅れフィルタ／2.5.5 PI-Leadコントローラ
2.6　フィードバック制御系
　2.6.1 制御系特性／2.6.2 ナイキストの安定判別法／2.6.3 一巡伝達特性と感度関数の関係／2.6.4 力外乱に対する1型のサーボ系
2.7　2自由度制御系
2.8　シミュレーション
　2.8.1 伝達関数でのシミュレーション／2.8.2 状態空間表現でのシミュレーション／2.8.3 サンプル値制御系のシミュレーション
第3章　モデリング
3.1　精密サーボ系の構成
3.2　機構系のモデリング
　3.2.1 物理座標系を用いたモデリング／

3.2.2 モード座標系を用いたモデリング／3.2.3 機構系特性の変動
3.3　回路系のモデリング
3.4　むだ時間要素のモデリング
3.5　制御対象のモデリング
第4章　フィードバック制御系設計
4.1　一巡伝達特性の周波数応答に基づく制御系設計法
　4.1.1 フィードバック制御系の構成／4.1.2 フィードバック制御系の設計指標
4.2　フィードバック制御系設計
　4.2.1 制御対象／4.2.2 設計例：ケース1／4.2.3 設計例：ケース2／4.2.4 設計例：ケース3／4.2.5 設計例：ケース4／4.2.6 設計例：ケース5／4.2.7 シミュレーション評価／4.2.8 m-file
4.3　ロバスト制御系設計
　4.3.1 ロバスト性／4.3.2 ロバスト性能問題／4.3.3 RCBode plot／4.3.4 m-file
第5章　ループ整形
5.1　ループ整形による外乱抑圧性能改善
　5.1.1 制御性能改善のためループ整形法／5.1.2 制御系設計問題
5.2　RCBode plotを用いたループ整形
　5.2.1 RCBode plotを用いた制御性能の改善／5.2.2 設計例
5.3　共振フィルタを用いたループ整形
　5.3.1 共振フィルタを用いた制御性能の改善／5.3.2 設計例
5.4　外乱オブザーバを用いたループ整形
　5.4.1 外乱オブザーバを用いた制御性能の改善／5.4.2 設計例
5.5　m-file
第6章　フィードフォワード制御系設計
6.1　目標位置に移動するフィードフォワード制御系設計
　6.1.1 連続時間多項式によるフィードフォワード制御／6.1.2 剰余コンプライアンス特性の補償／6.1.3 サンプル値多項式による0次ホールド特性の補償
6.2　目標値に追従するフィードフォワード制御系設計
　6.2.1 ZPETCによるフィードフォワード制御／6.2.2 ノッチフィルタによる機構振動の低減
6.3　m-file
付録　MATLABコマンドの説明

発行／科学情報出版（株）

設計技術シリーズ

電波と生体安全性
—基礎理論から実験評価・防護指針まで—
［改訂版］

2022年4月21日　初版発行

| 著　者 | 野島　俊雄・大西　輝夫 | ©2022 |
| | 電波産業会電磁環境委員会編 | |

発行者　松塚 晃医

発行所　科学情報出版株式会社
　　　　〒300-2622　茨城県つくば市要443-14 研究学園
　　　　電話　029-877-0022
　　　　http://www.it-book.co.jp/

ISBN 978-4-910558-11-0　C3055
※転写・転載・電子化は厳禁